葛　怡

南京师范大学社会发展学院副教授，九三学社社员，主要从事灾害脆弱性、城市韧性与城市风险管理等相关研究。2001 年毕业于南京大学城市与资源学系 GIS 专业，获理学学士学位。2006 年毕业于北京师范大学资源学院自然地理专业，获理学博士学位。2006—2018 年，在南京大学环境学院任教。2012—2013 年，加拿大西安大略大学访问学者。2018 年至今，在南京师范大学社会发展学院任教，并担任南京大学社会风险与公共危机管理研究中心特聘研究员。

已主持 2 个国家自然基金项目、1 个教育部人文社会科学研究一般项目、科技支撑子课题项目、应急管理部委托项目、民政部委托项目、江苏省社会科学基金基地项目和江苏省决策咨询研究基地课题等。科研成果：共发表 30 多篇论文（ SCI / SSCI 、 EI 、 CSSCI 、中文核心），参与多本中文著作及外文著作的编著。

探索中国社会的韧性发展之路

灾害脆弱性研究

葛怡 著

南京师范大学出版社

图书在版编目(CIP)数据

探索中国社会的韧性发展之路：灾害脆弱性研究 / 葛怡著. —南京：南京师范大学出版社，2023.12

ISBN 978-7-5651-5957-2

Ⅰ. ①探… Ⅱ. ①葛… Ⅲ. ①灾害管理—研究—中国 Ⅳ. ①X4

中国国家版本馆 CIP 数据核字(2023)第 239599 号

书　　名	探索中国社会的韧性发展之路——灾害脆弱性研究
策划编辑	晏　娟
作　　者	葛　怡
责任编辑	晏　娟　王迎春　倪晨娟
出版发行	南京师范大学出版社
地　　址	江苏省南京市玄武区后宰门西村 9 号(邮编:210016)
电　　话	(025)83598919(总编办)　83598412(营销部)　83598009(邮购部)
网　　址	http://press.njnu.edu.cn
电子信箱	nspzbb@njnu.edu.cn
照　　排	南京开卷文化传媒有限公司
印　　刷	江苏凤凰数码印务有限公司
开　　本	787 毫米×1092 毫米　1/16
印　　张	10.5
字　　数	230 千
版　　次	2023 年 12 月第 1 版
印　　次	2023 年 12 月第 1 次印刷
书　　号	ISBN 978-7-5651-5957-2
定　　价	48.00 元

出 版 人　张　鹏

序

早在1986年，乌尔里希·贝克(Ulrich Beck)就首次提出“风险社会”的概念。他指出，在现代化进程中，社会生产力呈指数式增长，使潜在的危险和威胁释放并达到了一个前所未有的程度。人类生活在文明的火山口上，风险社会已经成为当代人类难以规避的境遇，科技全球性的世界已然成为全球风险社会。在这样的大环境中，我国自1978年改革开放以来，经历了类似的、迅速且广泛的现代化进程。城市化率从1978年的17.92%提高到2020年底的63.89%，预计2035年至2045年将达到70%。我国用40年的时间走过了发达国家上百年才完成的城市化进展，取得了举世瞩目的成就。但值得注意的是，贝克所言的风险与挑战也存在于我国的现代化建设中。

一方面，随着现代化和城市化进程的推进，承灾体变得更为敏感，孕灾环境又日趋复杂。自改革开放以来，我国大部分地区处于高强度开发状态，其中以沿海地区为甚，如上海、天津、浙江、江苏和广东等发达城市。人类社会的迅猛发展极大地影响了自然环境的原有规律，并带来生态退化等诸多环境问题，再加上气候变化与海平面上升的威胁日益加剧，我国多数地区在极端灾害面前已经呈现出异常脆弱的一面。全球风险分析公司Maplecroft在2015年发布的气候变化脆弱性指数(Climate Change Vulnerability Index,CCVI)报告中称，中国大部分地区属于“高风险”类别。

另一方面，随着大量人口和经济活动向城市聚集，城镇空间不断扩张，住房紧张、交通拥堵、环境恶化、公共服务资源紧缺等“城市病”逐步显现。与此同时，增加的人口和资产不得不向灾害高风险地区集中，而边缘化的流动人口更是首当其冲，他们面临着相对更高的灾害风险，但他们的应对手段却相对匮乏。需要警惕的是，流动性增加的城市社会同时也承受着支持性社交网络的萎缩，由此导致城市社会风险增加，且更加复杂化。

人类社会的脆弱性因现代化与城市化而变得日益复杂。始于2019年末的新冠疫情全球大流行更是暴露、加剧了现有卫生、经济和社会等多方面的脆弱性，并且以其巨大的破坏力揭示了这样一个事实——脆弱性可以成为经济繁荣和可持续发展的巨大障碍！因此，世界经济论坛的创始人克劳斯·施瓦布指出，“脆弱性是世界面对的一个现实，要实现可持续发展，首先就要减少发展的脆弱性”。可见，展开对灾害脆弱性的系统研究，推动我们对灾害脆弱性的了解与认知，具有十分重要的实践价值。

值得注意的是，近年来脆弱性已成为备受关注的重要议题。联合国政府间气候变化专门委员会(Intergovernmental Panel on Climate Change，IPCC)多次发布与脆弱性相关的工作组报告，例如，《气候变化2007：影响、适应和脆弱性》《气候变化2014：影响、适应和脆弱性》，以及《气候变化2022：影响、适应和脆弱性》。在最新一期报告中，重点指出在适应能力有限的城市，如中低收入国家中拥有非正式住宅区的城市，气候变化的脆弱性增长最快。全球环境变化的人文因素计划(International Human Dimensions Programme on Global Environmental Change，IHDP)把脆弱性作为重要的核心概念之一，并明确指出脆弱性研究具有重要的理论与现实意义。第三次联合国世界减灾大会上通过的《仙台减少灾害风险框架(2015—2030)》则阐明如下观点：我们需要在灾害风险的各个维度(如脆弱性、暴露度和灾害特性)上更好地了解灾害风险，鼓励加强技术和科学能力，根据国情定期评估脆弱性、暴露度、灾害风险等。

以上构成了本书的写作背景。本书以作者在灾害脆弱性领域的教学和科研经验为基础，结合国内外脆弱性理论和实践撰写而成。作者运用灾害学视角，主要从理论基础与实证分析两个方面展开论述。理论基础的第一部分带领读者认识脆弱性的基本面貌。例如，梳理脆弱性的思想起源；介绍脆弱性的内涵演化与基本类型；在前两者的基础上，解释说明脆弱性与暴露度、敏感性、适应性与韧性等相关重要概念的联系与区别。理论基础的第二部分首先给读者呈现了脆弱性研究领域中具有广泛影响力与认可度的概念模型，并进行深入比较与分析。然后，对脆弱性研究领域中的四个重要主题——“性别”“种族”“贫困”与“老年人”，进行细致的解释说明。这有助于读者更深切地体会脆弱性产生的根源。第三部分重点梳理展示了社会脆弱性的研究方法，包括主流的定性研究方法与定量研究方法，同时也介绍了社会脆弱性研究中的新兴方法。实证分析首先基于三大经典模型的核心思想(即“风险—灾害”模型、“压力—释放”模型和“地方—灾害”模型)，提出了本书用于指导社会脆弱性评估研究的理论模型。然后通过两个案例呈现了如何利用作者所构建的理论模型，再运用新兴的投影寻踪聚类方法进行社会脆弱性定量评估的具体过程。第一个案例针对气候变化进行我国沿海地区的社会脆弱性评估，并对研究结果进行空间分析与展示。第二个案例通过定量评估揭示灾害社会脆弱性隐含的城乡差异现象，并通过空间分析尝试辨别城市化对灾害社会脆弱性的复杂影响，为思考如何推动我国城市的韧性化发展提供技术性参考。

本书的完成得到了国家自然科学基金(41571488)、教育部人文社会科学研究规划基金(23YJAZH038)、江苏省社会科学基金基地专项课题(17JDB010)、应急管理部国家减灾中心专项课题等项目的资助，在此表示感谢。

由于脆弱性研究涉及领域广泛，再者，作者个人能力及研究水平有限，所以书中难免存在疏漏。不足之处，敬请各位前辈、同行和广大读者批评、赐教。本书在写作过程中，参阅并引用了国内外诸多学者的文献、研究成果以及部分已发表的图表资料，在此表示衷心的感谢。最后，恳请各位读者提出宝贵意见，作者将万分感激！

作　者
2023 年 5 月

目　录

第一章　绪　论

2013 年 11 月,《纽约时报》在头版刊登了一则令人痛心的故事。故事讲述了一位菲律宾年轻人因台风"海燕"(2013 年第 30 号超强台风)影响而致小腿骨折后的悲惨遭遇。这位年轻人受伤后没有得到及时的医疗救治,他在孩子的陪伴下躺在当地临时医院的一张床上,在痛苦煎熬中苦苦等待了整整五天,最终因伤口感染而不幸身亡。

众所周知,自然灾害会造成人员伤亡,给幸存者造成长期的心理创伤,给国家带来巨大的经济损失,进而加剧贫困并损害社会福利。值得关注的是,自然灾害给人类社会带来的这一系列伤害不是无差异的。故事中的那位菲律宾年轻人如果生活在富裕的发达国家或者应急救援能力更强的国家,那么,他获得及时救治的可能性将会大大增加,最终的结局也将是恢复正常的生活,而不是死亡的悲剧。对于这种伤害导致的结果的差异性,我们可以用"脆弱性"这一专有名词来概括,这也正是本书的研究主题。本书希望通过深度解读我们社会中存在的灾害损失差异性现象,来探索当今中国社会的韧性建设之道。

第一节　高度脆弱的全球风险社会

早在 1986 年,乌尔里希·贝克(Ulrich Beck)就在其德文版《风险社会》一书中,首次提出了"风险社会"的概念。他指出,在现代化进程中,社会生产力呈指数式增长,使潜在的危险和威胁的释放达到了一个前所未有的程度。人类生活在文明的火山口上,这是一种亟须警惕的高风险状态。贝克将这样的后现代社会诠释为风险社会,并认为风险社会已经成为当代人类难以规避的境遇。如今,理论已成现实,气候变化、环境污染、安全事故、疫病暴发等塑造出一个日趋复杂的风险社会。同时,各类风险不再相互孤立存在,而是相互关联、相互转化,风险的复合性增加。在科技与经济全球化浪潮中,借助当代社会便捷的交通、通信条件,各种风险既可以跨地域、跨层级传播,由地方风险演变成国家甚至全球风险;也可以跨领域关联,由社会风险衍生出经济、政治,甚至意识形态风险。各种风险的跨地域、跨层级、跨领域复合,最终形成了高度脆弱的全球风险社会。

我们基于紧急灾难数据库(Emergency Events Database, EM-DAT)对 1960—

2020 年间全球自然灾害的暴发特征进行了初步研究。研究发现，自 20 世纪 60 年代以来，全球自然灾害暴发频率总体呈稳步上升趋势(图 1－1)。具体而言，自然灾害暴发的快速增长期出现于 20 世纪 70 年代中期至 21 世纪初期，此后，暴发数量呈现缓慢下降的趋势。但是，全球自然灾害导致的经济损失(图 1－2)和受影响人口数量(图 1－3)并没有呈现相应的下降趋势，两者在研究期都基本表现出明显的增长趋势，并伴有单次自然灾害事件导致的急剧增长点。例如，1995 年日本阪神大地震(里氏 7.3 级，经济损失 1 015 亿美元，死亡约 6 434 人，伤 43 792 人)；2005 年的美国“卡特里娜”飓风(经济损失 1 250 亿美元，约 2 000 人丧生，数十万人无家可归)；2008 年中国汶川地震(里氏 8.0级，经济损失8 451.4 亿元，69 227 人遇难)；2011 年“3・11”日本大地震(里氏 9.0 级，经济损失超过3 000 亿美元，死亡人数约 15 900 人，失踪人数为 2 523 人)。

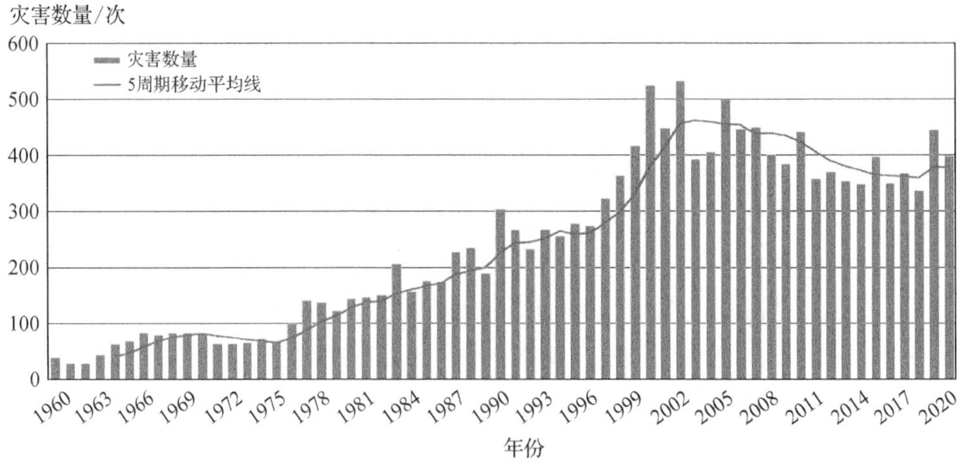

图 1－1　1960—2020 年全球自然灾害暴发频率

(资料来源：EM-DAT，CRED/UCLouvain，Brussels，Belgium-www.emdat.be)

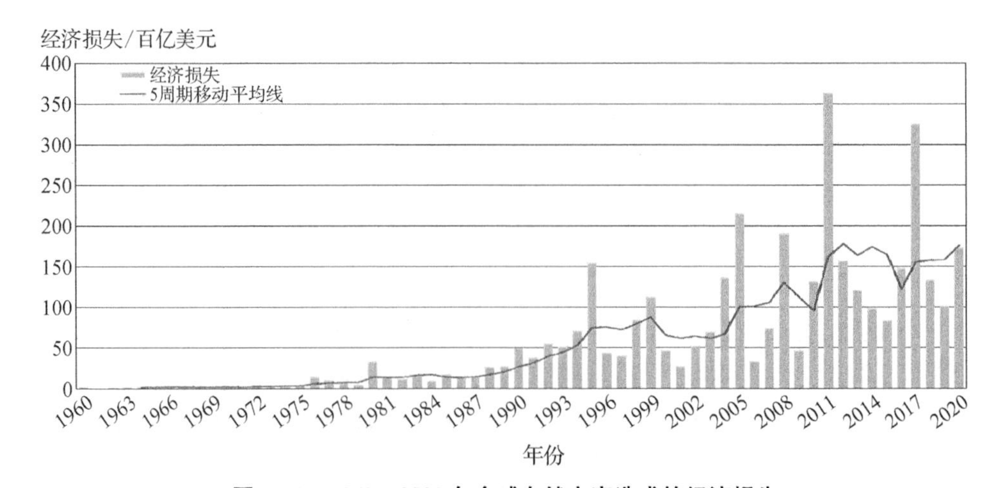

图 1－2　1960—2020 年全球自然灾害造成的经济损失

(资料来源：EM-DAT，CRED/UCLouvain，Brussels，Belgium-www.emdat.be)

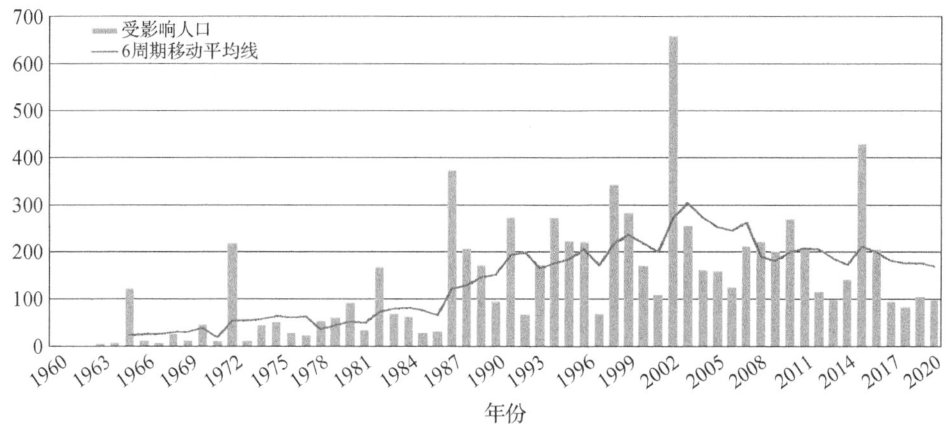

图 1-3 1960—2020 年全球自然灾害造成的受影响人口数量

(资料来源:EM-DAT, CRED/UCLouvain, Brussels, Belgium-www.emdat.be)

灾害背后的重要推手之一是“气候变化”。一方面,当前的气候变化导致飓风、洪水、干旱等极端天气事件和气候灾害的频率及强度激增,严重影响人类健康、社会经济、粮食安全等问题,亦使我们的全球风险社会变得更加脆弱。根据紧急灾难数据库的信息,2018 年,全球几乎所有地区都受到了极端天气事件的不利影响,共有 57 300 万人受到洪水、干旱、风暴等自然灾害的影响,由此造成 10 373 人的意外死亡。其中,洪水影响的人口最多,高达 3 540 万人。洪水造成了 20 859 人死亡,其中印度 504 人,日本 220 人,尼日利亚 199 人,朝鲜 151 人。受风暴灾害影响的人口位居第二,高达 1 280 万人,另有 1 593 人因此死亡。当然,风暴灾害造成的经济损失也十分严重。据估计,飓风“佛罗伦萨”席卷美国卡罗来纳,造成 140 亿美元的经济损失;飓风“迈克尔”影响美国佛罗里达州,造成 160 亿美元损失;超强台风“海燕”给菲律宾带来 125 亿美元的损失。此外,全球有 930 万人受到干旱的影响,其中肯尼亚有 300 万人受到影响,阿富汗有 220 万人,中美洲有 250 万人。

另一方面,气候变化所造成的极端高温以相对温和的方式威胁着人类健康。2019 年,澳大利亚、印度、日本和欧洲均出现了创纪录的高温热浪灾害。在笔者著书时的 2021 年夏季,美国创纪录的高温热浪席卷该国西北部并蔓延至加拿大西部的大片区域。世界卫生组织(World Health Organization, WHO)的数据表明,高温热浪灾害引发的伤亡人数增速远高于其他极端天气事件。全球气温升高还加剧了登革热病毒的传播,最近数十年来,全球登革热发病率急剧上升,目前约有一半人口面临感染风险。高温热浪灾害又会引发极端干旱,两者的共同作用加剧了火灾暴发的风险。据估计,气候变暖使全球火灾风险至少增加了 30%。例如,2018 年希腊山火灾害夺去了 126 人的生命,成为欧洲有史以来最严重的山火灾害。同年,美国加利福尼亚州也发生了一个多世纪以来最致命的山火,导致 88 人死亡,亦造成高达 165 亿美元的经济损失。在 2020 年十大极端气候灾害中,发生在美国西海岸和澳大利亚的山火灾害分别位列第 3 位和第 9 位,给当地造成了近 200 亿美元和 50 亿美元的经济损失(表 1-1)。

表 1-1　2020 年十大极端气候灾害(按经济损失排序)

编号	时间	地点	类型	经济损失(十亿美元)	死亡人口/人
1	5—11 月	美国、中美洲、加勒比地区	飓风	41	400 多
2	6—10 月	中国	水灾	32	278
3	7—11 月	美国西海岸	山火	19.9	42
4	5 月	孟加拉湾	飓风	13	128
5	6—10 月	印度	水灾	10	2 067
6	2—6 月	东非	蝗灾	8.5	—
7	7 月	日本	水灾	8.5	82
8	2 月、10 月	欧洲	暴风	5.9	30
9	1 月	澳大利亚	山火	5	34
10	7—9 月	巴基斯坦	水灾	1.5	410

(数据来源:Kramer K, Ware J. Counting the cost 2020: A year of climate breakdown).

2021 年 5 月 27 日,世界气象组织(World Meteorological Organization, WMO)发布最新气候报告,对 2021—2025 年未来五年的气候变化作出预测:(1) 在 2021—2025 年,至少有一年的全球近地表年平均气温上升比工业化前水平高出 1.5℃,这一事件的发生概率大约有 40%,此概率正随着时间的推移而增加。(2) 除南部海洋和北大西洋的部分地区外,几乎所有地区的气温都可能比 1981—2010 年平均值更高。(3) 至少有一年取代 2016 年成为有记录以来的最暖年份,这一事件的发生概率为 90%。

未来的气温上升意味着人类社会将会面临更多的融冰、更高的海平面、更多的热浪及其他极端天气与气候灾害,这将进一步对人类健康、粮食安全、环境及可持续发展产生更为严重的负面影响。

第二节　全球风险的差异性分布

值得关注的是,我们虽同处于一个风险社会,但是风险的分布却是有差异的,或者说是不平等的。尽管国家不论贫富都会受到灾害的威胁,但自然灾害对较贫穷的发展中国家造成的影响比对较富裕的发达国家造成的影响更大、更有破坏性。

首先,自然灾害造成的经济损失在发展中国家表现得更为严重。2004 年,席卷格林纳达[①]的飓风“伊万”造成该国高达 11 亿美元(相当于 2021 年的 14.9 亿美元)的经济

① 格林纳达:位于东加勒比海向风群岛最南端的国家,南距委内瑞拉海岸约 160 公里。2022 年总人口为 11.4 万人,黑人约占 82%,混血人约占 13%,白人及其他人种约占 5%。英语为其官方语言和通用语。居民多信奉天主教。

损失，是该国当年国内生产总值(GDP)的两倍以上。2010 年，海地 7.0 级地震导致的直接经济损失亦远远超过该国当年的国内生产总值。2017 年，飓风"玛丽亚"给多米尼加共和国造成的经济损失竟然占了该国 2016 年国内生产总值的 226%。反观发达国家，例如，2011 年日本东北沿海地区发生的 9.0 级超强地震(即"3·11"日本大地震)，虽然灾难导致数以万计的人员伤亡，经济损失亦超过 2 350 亿美元，但造成的直接经济损失仅占该国国内生产总值的 3.8%左右。此外，灾难暴发后，受灾国家的人均实际 GDP 下降幅度一般在 0.6%左右，而发展中国家的人均实际 GDP 则下降达 1%。需要注意的是，发展中国家相对高比例的受灾程度又会影响其灾后经济恢复的能力。据联合国减少灾害风险办公室(United Nations Office for Disaster Risk Reduction，UNDRR)的研究表明，对于孟加拉国或莫桑比克等较大体量的发展中国家而言，当因灾损失达到国家 GDP 的 3%—5%时，灾后 5—10 年期间的经济恢复都会受到影响。

其次，发展中国家往往遭受更多的人员伤亡损失。过去的 60 年共有 543 万余人在自然灾害中丧生，其中绝大部分发生在发展中国家。2000—2004 年，发展中国家平均每年有 1/19 的人口受到气候灾害的影响，而在"富国俱乐部"经济与合作发展组织(OECD)国家，这一数值仅为 1/1 500。相比之下，发展中国家人民面临的风险是发达国家的 79 倍。2004 年之后，依然是发展中国家受灾后损失更大。2004 年的印度洋海啸席卷数国，约有 25 万人丧生；2005 年的巴基斯坦克什米尔 7.8 级地震夺走了超过 7.3 万条生命；2007 年，东亚地区的雨季造成中国 300 万人受灾。同年，南亚洪水与暴风雨造成印度和孟加拉国分别有 1 400 多万人和 700 万人流离失所，孟加拉国、印度、尼泊尔南部以及巴基斯坦共有 1 000 多人丧生。据瑞再研究院报告披露，2008 年中国汶川 8.0 级地震造成近 7 万人遇难；2008 年，孟加拉湾"纳尔吉斯"强气旋风暴侵袭缅甸，吞噬了近 13.8 万条生命；2010 年的海地 7.0 级地震造成约 22.3 万人殒命；2010—2012 年间，极端干旱导致索马里境内 23 万人死亡。

再者，无论是在发达国家还是发展中国家，弱势群体更容易受到灾害威胁和侵害。一般而言，收入最低的群体死亡率最高，因为他们更有可能居住在灾害易发的高风险地区或抗灾性能差的住房中。此类现象在贫穷的发展中国家表现得更为突出。例如，2004 年，飓风"伊万"袭击格林纳达，超过 1.4 万户民房受损，其中 30%被彻底摧毁，导致约 1.8 万人无家可归。2008 年，"纳尔吉斯"强气旋风暴袭击缅甸伊洛瓦底三角洲地区，当地一半家庭的房屋被大风和洪水彻底摧毁。据联合国数据显示，在 2010 年海地地震中，25 万户民房和 3 万栋商业建筑倒塌或严重损毁，其中，生活在首都太子港简陋住房中的城市贫民死亡率最高。对于发展中国家的贫困群体而言，自然灾害对其生活资源和生产资本的破坏也更为严重。很多受灾的贫困家庭不得不变卖资产以维持其基本生活需求，这使得他们原本有限的生活资源和生产能力被进一步剥夺和削弱。在自然灾害侵袭后的恢复期，贫困群体又往往很难重置生产资产，再加上该群体有限的劳动技能以及相对缺乏的流动机会，他们往往因此陷入长期的"贫困陷阱"，因灾致贫的现象较为普遍。对菲律宾、埃塞俄比亚、哥伦比亚等地区的相关研究表明，受自然灾害影响的地区贫困率通常会不断上升。

全球风险的差异性分布格局在短期内并不能得到有效改善，据世界气象组织预测，全球最容易遭受极端天气影响的有超过30亿人口，分布于10个不同的国家。在目前以及未来气候变化的威胁下，受影响人口或难以脱贫，或陷入贫困。当前，直接暴露于海平面上升威胁的有3亿人，他们绝大多数都生活在中低收入国家。与发达国家相比，生活在贫穷落后国家的人们在应对全球气候变化方面具有更大的脆弱性，因而承担着相对更多的风险。

当然，任何事物都具有两面性，我们不能只看事物的一面而忽视另一面。全球风险虽然具有差异性分布，但是气候变化风险的整体性特征也是非常明显的，这可能为改变原有风险的差异性格局，进而减少社会不平等创造新的机遇。正如贝克在《为气候而变化：如何创造一种绿色现代性?》一文中所指出的：气候变化加剧了穷人和富人、边缘地区和核心地区之间现存的不平等——同时也化解了它们。而这也正是本书研究脆弱性的动力所在，也是思考韧性建设的目标所在。

第三节　城市化进程中的中国风险现状

改革开放以来，中国城市化进程不断加快。城市化是由社会经济生产力发展所引起的人类生产方式、生活方式和居住方式等由农村型向城市型转化的过程。它在人口方面表现为农村人口转化为城市人口，简称人口城市化。1978年底，我国总人口为96 259万人，其中城镇人口17 245万人。经过40余年的城市发展与现代化建设，至2020年11月第七次全国人口普查时，除港澳台地区，全国其他地区总人口共计141 178万人，城镇人口增加到90 199万人。与1978年相比，城镇人口增加约4.23倍，人口城市化率由17.92%提高到63.89%(图1-4)。按照国际城市化发展的阶段性规律以及城市化发展的四阶段论，我国已经进入并且未来20年仍将处于快速城市化阶段，城市化率预计在2035—2045年间将达到70%。城市化的另一表现为城镇建设用地的扩张，农业用地逐步转化为非农业用地，农村地区演化为城市地域，又称土地城市化。1981年，全国城市建成区面积仅为7 438.0平方公里，2019年该数据已增长为60 312.5平方公里，增加约7.11倍。如图1-4所示，我国的土地城市化增速强劲，并且在2000年后明显高于人口城市化的增速。

城市化是我国经济增长和社会发展的引擎，它推动了我国工业化水平的提升并带来经济的腾飞，有研究发现城市化在2019年为2.9亿多城市迁入人口提供就业机会和新居，使5亿多人摆脱了贫困。与农村地区相比，城市的高人口规模和高人口密度可以降低商业成本，城市的这种规模经济又降低了基础设施的成本，因此，城市地区的公共服务供给比农村地区更多也更便宜。但是，快速城市化在提供积极外部性的同时，也会导致消极外部性。正如贝克所说，“在发达的现代性中，财富的社会生产系统地伴随着风险的社会生产”。在这一方面，我国城市化又表现出特殊性，例如城市化快速超常规

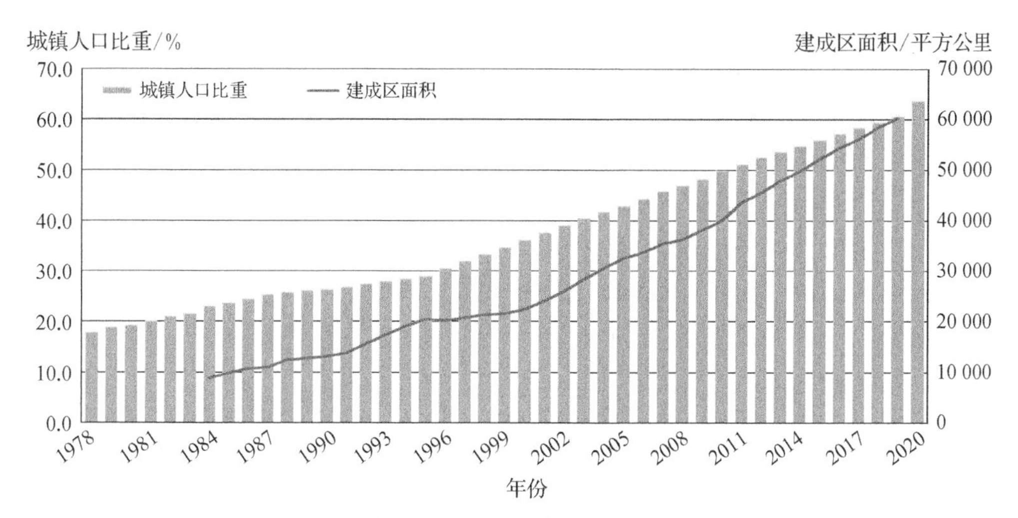

图 1-4 中国人口城市化和土地城市化(1978—2020 年)

发展,城市化水平滞后于工业化,农村人口非永久性城乡迁移导致户籍人口城市化远低于常住人口城市化等,这使得我国的城市化发展中挑战和机遇并存,出现了多元化、复杂化的城市发展问题,包括资源、环境、社会等各个方面。从风险的角度看,上述在城市化进程中出现的问题都可称之为城市风险。

(一)中国城市风险之一:环境污染问题

城市化由于积极的外部效应和规模经济,带来了更高的生产效率和经济的高速增长,但与此同时,城市化过程中的负外部性也引发了生态健康和环境污染问题。具体而言,一方面,快速城市化过程中出现大面积地表硬化和建筑化,大量植被及地下水循环系统遭到破坏,生态问题凸显;另一方面,粗放型城市化导致环境污染物大量排放,严重影响了城市环境质量,环境风险剧增。数据显示,我国的环境污染问题亦与经济高速增长同步出现。2008 年底,全国 113 个环保重点城市的废水排放量占全国的 59.3%,化学需氧量排放量占 47.5%,二氧化硫排放量占 49.4%,氮氧化物排放量占 55.0%,烟尘排放量占 44.8%。2009 年《中国环境状况公报》的数据显示,该年在环保部监测的 488 个城市中,出现酸雨的城市 258 个,占 52.9%。酸雨发生频率在 25%以上的城市 164 个,占 33.6%;酸雨发生频率在 75%以上的城市 53 个,占 10.9%。2013 年,亚洲开发银行和清华大学共同发布的《中华人民共和国国家环境分析》指出,在全国 500 个大型城市中,达到世界卫生组织空气质量标准的不到 1%,世界污染最严重的 10 个城市之中有 7 个位于中国。总体上,大城市的空气污染比中小城市严重得多。2016 年,美国耶鲁大学发布的《环境绩效指数报告》显示,在参评的 180 个国家和地区中,中国排名第 109 位。中华人民共和国生态环境部发布的《2019 中国生态环境状况公报》指出,2019 年全国 337 个地级及以上城市累计发生重度污染 1 666 天,比 2018 年增加了 88 天。在全国 337 个城市中,有 180 个城市环境空气质量超标,占 53.4%。

环境污染在危害生命健康与生产生活的同时，亦导致了巨大的经济损失。2003年，中国大气污染所造成的健康损失占当年GDP的3.8%。2004年，全国因环境污染造成的经济损失占当年GDP的3.05%，虚拟治理成本占当年GDP的1.80%。黄德生等人估算发现，京津冀地区2009年因$PM_{2.5}$污染造成的健康损失总和相当于该地区GDP的4.7%。潘小川等人研究发现，北京、上海、广州、西安四个城市2010年因$PM_{2.5}$污染造成过早死亡的经济损失共计61.7亿元。2016年，我国伤残调整寿命年高达15.6×10^7人年，其中受空气污染影响的比例为9.3%。2017年，中国每10万人中有161人死于空气污染。研究发现，中国1997年以后由于空气污染造成的早逝与患病经济损失，约占当年GDP的1%—6%。

（二）中国城市风险之二：城市化中的不平等问题

随着城市化的快速发展，收入差距和财富分配不平等出现了扩大的趋势。《2018中国住户调查年鉴》显示，2003—2017年，全国居民人均可支配收入基尼系数都在0.46以上，其中2008年最高，达到0.491。另据世界银行数据显示，我国不平等问题在过去40年间上升较快，与其他东亚经济体和经合组织国家相比也更高。这种不平等表现为地区之间、城乡之间、城市居民与农民工之间以及城市居民之间的收入差距。

(1) 地区收入差异：据统计，2000年居民人均可支配收入最高的是上海(11 718.01元)，而收入最低的是山西省(4 724.11元)，前者是后者的2.48倍。2019年居民人均可支配收入最高者依然是上海市(69 442元)，它是收入最低的甘肃省(19 139元)的3.6倍。可见，城乡收入差异不小，且地区间收入差异明显上升。

(2) 城乡收入差异：据统计，2020年城镇居民人均可支配收入43 834元，农村居民人均可支配收入17 131元，前者为后者的2.6倍。城市低收入户的人均可支配收入15 549.4元，农村低收入户的人均可支配收入4 262.6元，前者是后者的3.6倍。可见，低收入户之间的城乡差异性表现得更为突出。

(3) 城市居民与农民工收入差异：虽然农民工工资一直在提高，并且与从事同类工作的城市居民的工资差距也在缩小，但是因为缺乏技能和足够的教育，进城的农民工往往难以获得报酬更高的工作，所以城市里农民工与本地居民之间的收入差异依然存在。

(4) 城市居民收入差异：房产在中国家庭资产中占据主要位置(2018年城镇居民家庭房产净值占家庭人均财富的71.35%)，当中国城市居民拥有房产的差异性加大时，进一步导致了城市居民收入不平等的加剧。据国家统计局提供的数据显示，2000年城市最高收入户的可支配收入为城市低收入户的3.7倍，而2019年城市高收入户的可支配收入已经上升为城市低收入户的5.9倍。

收入差距是城市化不平等问题的最直接表现，它又会波及其他领域，导致经济领域之外的复杂连锁效应。

扩大的城乡收入差距推动了农村剩余劳动力的持续转移。自20世纪80年代之后，随着城市化进程的深入，我国逐步放宽对农民进城的限制，农村剩余劳动力沿着劳动力无限供给曲线不断涌入城市，形成数量庞大的主动流入城市的农民工群体。据世界银行研究报告显示，中国城镇人口自 2000 年至 2010 年增加了 1 亿，城镇人口年均增长率接近 4%。在城镇新增人口当中，约 42%是由于城区扩张导致城镇边缘地区的农业人口市民化，还有约 43%是来自进城务工的农村人口。据国家统计局数据显示，进城农民工数量从 2008 年的 22 542 万人上升为 2018 年的 28 836 万人，10 年间增长了 27.9%，年均增加 629.4 万农民工。当年新增农民工数量在 2010 年达到顶峰(1 245 万人)，之后新增农民工数量出现回落，但是 2018 年的农民工总量依然比上年增加了 184 万人。

大量涌入的进城农民工群体对住房、道路交通、给排水、供电供气等城市基础设施和公共服务提出了更高的要求。一方面，城市旧的基础设施需要修缮或重建，否则城市对外来人口的容纳能力会逐渐降低；另一方面，城市公共服务供给存在着容量约束，进城农民工快速的增量与庞大的存量，使得城市原有基础设施及公共服务表现出供给不足的问题。部分城市住房供需矛盾突出、供水供电紧张、道路拥堵，甚至在外来人口聚集的城郊接合部呈现出相对无序和杂乱的城市空间发展状态。这些都是环境脆弱性和社会脆弱性增加的表现，意味着一旦发生灾害，城市的受灾程度将会因此加重。

再者，外来人口规模持续增长在很大程度上加剧了城市居民对公共服务资源的竞争，城镇户籍居民感受到公共资源的挤占与剥夺，以及现有服务质量的下降，户籍人口和外来人口之间的关系也因此变得紧张。在这场城市公共服务资源的竞争中，受以户籍制度为主的制度性因素的影响，城乡居民户籍身份仍是教育、医疗、住房、养老和就业等公共服务与社会保障分配的重要依据和必要条件。世界银行数据显示，2010 年，中国约有 2.6 亿外来务工人员没有城市户籍，他们被排斥在城市发展福利之外。2012 年，虽然参加城镇职工养老保险的农民工人数已经从 2006 年的 1 420 万人增加到 2012 年的 4 560 万人(覆盖率从 10.8%增至 27.8%)，但农民工参保的覆盖率仍不及城镇职工参保率的一半。进城的外来务工人员不能享受与本地人同等的待遇，个人的地区间流动以及阶层地位的上升受到影响。总体而言，进城农民工还没有完全市民化，处于半城市化的状态。这是城市化进程中不平等问题在社会领域的表现，也是社会脆弱性的体现。

此外，进城农民工因高流动性导致原有的社会交往结构发生改变，原有的社会关系网络因此丧失，个体的社会边缘化风险增加，由此决定了该群体在城市这一陌生环境中，面对未来不确定变化和灾害打击时，具有更高的脆弱性和更低的适应能力。这最终会影响我国城市化发展的质量，反过来又会进一步导致城市综合脆弱性的不断增长。

(三) 中国城市风险之三：极端事件风险激增

中国快速城市化中出现的环境污染问题和不平等问题的双重作用，导致国内城市综合脆弱性增加，而全球气候变化和城市化的叠加作用又进一步加剧了我国城市所遭受的极端灾害事件风险。

中国是全球气候变化的敏感区和受影响显著的国家之一。中国气象局气候变化中心发布的《中国气候变化蓝皮书(2020)》指出,中国气候极端性在增强。例如,在气温方面,1951—2019年,年平均气温每10年升高0.24℃,升温速率明显高于同期全球平均水平。在降水方面,区域差异明显,暴雨日数增多。1980—2019年,中国沿海海平面变化高于同期全球平均水平。到2050年,海平面上升或将导致3 000万人面临海岸洪水的威胁。与气候变化报告相对应的是中国极端气候灾害的多发频发趋势。

1. 洪涝、台风、风雹灾害影响增强。

2012年,华北地区因洪涝、风雹、台风等自然灾害造成的损失严重,其死亡失踪人口、紧急转移安置人口、损坏房屋数量、直接经济损失均为2000年以来的最高值。其中,北京"7·21"特大暴雨造成160.2万人受灾、直接经济损失116.4亿元的重大灾情。2019年6月,广西、广东、江西、浙江、福建、湖南等地遭受洪涝、风雹、滑坡、泥石流等灾害,造成577.8万人受灾,91人死亡,7人失踪,42.1万人紧急转移安置,18.2万人需紧急生活救助;1.9万间房屋倒塌,8.3万间房屋不同程度损坏;农作物受灾面积419.4千公顷,其中绝收60.2千公顷;直接经济损失231.8亿元。同年8月,超强台风"利奇马"登陆浙江台州一带,并北上纵穿浙江、山东、江苏、安徽、辽宁、上海、福建、河北、吉林9省(市)64市403个县(市、区)。据应急管理部统计,该台风共造成1 402.4万人受灾,因灾死亡66人,失踪4人,紧急转移安置209.7万人;1.5万间房屋倒塌,13.3万间房屋遭到不同程度的损坏;农作物受灾面积1 137千公顷,其中绝收93.5千公顷;直接经济损失515.3亿元。2021年上半年,全国风雹灾害造成1 054万人次受灾,81人因灾死亡或失踪,2.9万人次紧急转移安置。

2. 气温升高影响下,高温热浪灾害事件也频繁发生。

2010年夏季,西安的高温死亡病例比上一年同期增长54%。2013年夏季,华东地区和新疆部分地区发生了一次持续时间长达两个月的极端高温事件。2017年6月,超过一半的国土面积(约522万平方公里)受高温影响,新疆、内蒙古、山东等地部分地区日最高气温达到40℃—42℃,成为近12年以来北方遭遇的最强高温天气过程。7月,南方持续遭遇35℃以上的高温天气,涉及人口7亿左右,受影响面积约180万平方公里。高温热浪灾害导致心脑血管和呼吸道等疾病发病率和死亡率上升,同时还加重有害气体及烟尘在城市上空的积累,形成城市雾霾,进一步威胁居民健康。这些极端事件超出了城市的应对能力,造成巨大的财产损失和人员伤亡,给城市可持续性和韧性发展带来严峻考验。

3. 气候变暖背景下海平面上升导致海洋灾害影响加剧。

海平面上升直接导致风暴潮灾害的淹没范围急剧扩大,破坏力增大,沿海地区遭受的社会经济损失迅速增加。可见,海洋灾害风险因此而增强。自20世纪90年代以来,沿海地区各类海洋灾害造成的经济损失达年均130多亿元。2010—2019年,海洋灾害更是造成了1 001.22亿元的经济损失。在中国海洋灾害中，风暴潮灾害是危害最大的海洋灾害类型，也是受海平面上升影响最直接的灾种之一，其造成的直接经济损失占海洋灾害总经济损失的 95%。据统计，从 1989 年至 2009 年的 21 年间，风暴潮灾害造成东部沿海地区 3 936 人死亡，1 957 人受伤，845.4 万间房屋倒塌，1 300 万公顷农田成灾，累计直接经济损失 2 486 亿元。中华人民共和国自然资源部发布的《2018 年中国海洋灾害公报》显示，在 2018 年，风暴潮灾害造成全国直接经济损失 44.56 亿元，占所有海洋灾害直接经济损失总数的 93%。

中国沿海及东部地区汇集了 70%以上的大城市，以占全国总面积 14.06%的土地，承载了全国 50%以上的人口，创造了全国 70%的国民经济总产值，但这些社会经济水平相对较高的地区因其沿海沿江的地理位置而具有了更高的暴露特性，因此它们易受到台风、洪涝等气象灾害的袭击。经济与合作组织的一项研究表明，如果对全球暴露于洪水风险中的沿海城市按照人口和社会资产排序，中国的广州、上海、天津、宁波等城市均位列风险最大的前 20 个城市之中。另一方面，自改革开放以来，上海、天津、浙江、江苏和广东的沿海地区已经处于高强度开发状态，极大地影响了近岸海洋环境的自然规律，带来了生态退化等巨大问题。在适应海平面上升和海洋灾害的紧迫形势下，这些发达的城市在日益频繁的气候灾害面前已然表现出异常脆弱的一面。

此处，曾经的新冠疫情给人类社会带来了巨大损失，也给应急综合治理带来了巨大考验和挑战。中国城市化的高速发展，使城市成为人流、物流等各要素高度汇聚的空间节点，城市在疫情威胁下遭受着人口规模和流动带来的双重压力，风险亦随着城市规模呈几何级数增长。与此同时，疫情或气候变化产生的不确定扰动情境使传统减灾和应急措施的效果受到牵制。在此背景下，关注不平等性的脆弱性研究和强调自身适应性的韧性理念展现出其独特的应用价值。因此，进行脆弱性研究成为中国现阶段综合风险治理的重要举措，更是国家在现代化进程中建设与风险共存的韧性社会的新思路。

第四节　应对风险社会的新范式：脆弱性研究

世界经济论坛的创始人克劳斯·施瓦布（Klaus Schwab）在 2002 年曾说过：“脆弱性是世界面对的一个现实，要实现可持续发展，首先就要减少发展的脆弱性。”2019 年末暴发的新冠疫情让全世界再次直面人类风险社会的复杂性与脆弱性。并且，事实证明它不减反增，严重制约着全球可持续发展的进程。因此，在当今这个复杂、不确定性极高的风险社会中，通过研究脆弱性，挖掘地域空间、社会群体等不同对象的差异性表现，诊断社会防范的薄弱环节，是应对风险社会的新范式，也是发展韧性建设的有效方案之一。

我们将在下文通过对 1976 年危地马拉大地震、2005 年美国“卡特里娜”飓风事件以及 2020 年美国新冠疫情的简介与分析，观察灾难的人文社会因素，初探脆弱性的存在面貌及社会影响，以此来帮助读者更好地体会研究灾害脆弱性的实践意义。

1976 年 2 月 4 日清晨，危地马拉东北部地区发生 7.5 级地震，共造成约 2.3 万人死亡，约 7.7 万人受伤，约 150 万民众无家可归。另有大约 25.8 万幢房屋被毁，40%的国立医疗机构的基础设施遭到破坏。在此次地震中，危地马拉城的贫民窟居民和贫困村庄的玛雅印第安人的死亡率最高。这主要有两方面的原因：首先，相对其他人而言，贫困群体居住的房屋质量更差，更容易发生损毁、倒塌，进而带来人员伤亡。其次，贫困群体往往选择陡峭的斜坡居住。斜坡是一种危险的自然环境，并不宜居。当山区发生地震时，容易引发次生灾害——滑坡，进而导致掩埋伤人的后果。① 而在当地的中产阶级受到的损失则相对较小，因为他们居住的房屋更牢固，居住环境也更为安全。可见，虽然地震的发生是一场自然事件，但是从事件触发到损失生成的过程中，人文社会因素在其中扮演了至关重要的作用，而且损失并不是无差异分配的。

2005 年 8 月 25 日，“卡特里娜”飓风以一级飓风的强度在美国佛罗里达州登陆，8 月 29 日破晓时分，再次以三级飓风的强度在美国墨西哥湾沿岸路易斯安那州新奥尔良外海岸登陆。登陆超过 12 小时后，才减弱为热带风暴。雷电交加的风暴造成 90%的建筑倒塌，6—8 万人被困在淹没率达 80%的城市中。“卡特里娜”飓风造成新奥尔良周边地区近 2 000 人丧生，65 万人流离失所，经济损失至少 1 250 亿美元。据估计，受灾区人口中黑人比例高达 75%，以黑人社区为主的贫困区域遭受了最大的破坏，其中，下第九区、欲望社区和佛罗里达社区(新奥尔良最贫穷、最弱势的街区)被飓风彻底摧毁。飓风前，该市非裔美国人的贫穷率是白人的 3 倍；飓风后，黑人工人失业的可能性是白人工人的 4 倍。当考虑种族收入差异时，这种可能性增加到 7 倍。由此，非裔美国人的贫穷率进一步上升。可见，同样的飓风，美国不同族裔群体受到的灾害打击完全不一样。

2020 年，当新冠病毒席卷美国各地时，人们同样发现少数族裔美国人受到比白人更严峻的打击。美国公共媒体研究实验室(American Public Media Research Lab)统计了截至 2021 年 3 月 2 日全美各州居民因感染新冠病毒而死亡的人数。数据显示，全美所有族裔的疫情死亡率都很高，但美国原住民的死亡率最高，大约每 390 名原住民中就有 1 名因感染新冠病毒而死亡，其次是非裔美国人，大约每 555 名非裔中有 1 名感染新冠病毒死亡。将这些数据按年龄结构标准化调整后再与白人死亡率相比时可以发现，原住民的相对死亡风险最高，是白人或亚裔美国人的 3.3 倍；太平洋岛民相对死亡风险位居第二，为白人的 2.6 倍；拉丁裔美国人第三，是白人的 2.4 倍，非裔美国人相对死亡风险列第四，是白人的 2 倍(图 1－5)。

---

① 1920 年，海原地震导致了大约 25 万人死亡，其中约 10 万人因地震黄土滑坡致死。1970 年，秘鲁地震导致的一处雪崩型滑坡，直接掩埋了容加依城，导致了约 7.5 万人死亡。2008 年，汶川地震触发滑坡，直接导致了 2 万—3 万人死亡，约占地震致死人口的 30%，其中致灾最严重的王家岩滑坡掩埋了大半个北川老县城，导致了约 1 600 人遇难。

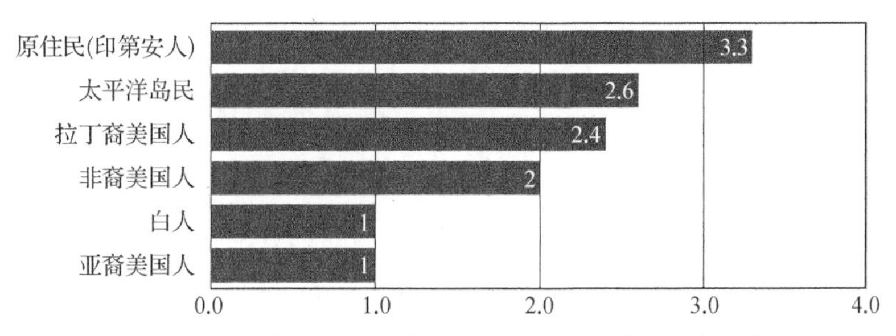

图 1-5 按年龄结构调整后的美国不同族裔美国人感染新冠病毒的死亡率比值(以白人为参照标准)

上述三个不同时间、不同类型的灾难事件显示，在全球风险社会中，风险分配大致遵循着平等的原则，无论是发达国家，还是发展中国家，都存在灾害风险，正如贝克所言"贫困是等级制的，化学烟雾是民主的"。但是，在风险转变为灾难的整个过程中，社会、经济和政治因素决定了哪些人最终更容易受到危害，以及受到什么程度的伤害。例如，人们在哪里生活和工作，居住在什么样的建筑物中，他们的性别、种族、年龄情况，他们的财富和健康水平如何，以及由此衍生的获取应急资源和救助机会的能力、获取应急信息的能力等等，这些因素的不同组合决定着各类人群受灾害打击的差异性，而这构成了灾害脆弱性的具体表现。

要了解灾害，我们不仅要了解可能影响人们的灾害类型，还要了解不同人群的脆弱程度，并且需要放置在整个国家的政治、经济和社会背景下理解它。因此，开展我国的灾害脆弱性研究是至关重要的。一方面，这有助于辨析我国在快速城市化进程中，灾害脆弱性产生的深层根源、影响因素和发展变化过程，有助于了解并及时解决我国现阶段面临的综合风险和薄弱环节；另一方面，这有利于把握并预测社会脆弱性未来的变化动向，有利于制定科学、有效的应急策略与措施，提升社会的韧性水平，将整个社会的综合风险降至尽可能低的水平，在高度脆弱的风险环境中实现社会高韧性的可持续发展。

在上述背景下，当今学术界已经逐步形成了研究脆弱性的热潮，脆弱性研究首先成为灾害学，紧接着成为地理学、社会学、管理学等不同领域的热点问题。据 Web of Science 数据库的最新统计显示，1970—2021 年，以脆弱性为主题的研究成果(包括专业文献、书籍、报告等)共有 186 996 篇，其中，生态环境科学领域的有 39 887 篇，地理学领域的有 10 227 篇，水资源领域的有 8 123 篇，公共管理领域的有 3 103 篇，社会学领域的有 2 275 篇，发展研究领域的有 1 089 篇，城市研究领域的有 955 篇。同时，发表数量呈逐年上升的趋势，自 2015 年至今，每年都突破 1 万篇。

与此对应，相关组织机构及政府部门也把工作重心转移到风险、脆弱性和韧性的分析与管理方面。例如，联合国政府间气候变化专门委员会(Intergovernmental Panel on Climate Change, IPCC)把脆弱性列为第三次评估报告的重中之重。联合国环境规划署(United Nations Environment Programme, UNEP)和联合国开发计划署(United Nations Development Programme, UNDP)积极开发有关脆弱性评估的程序、指标和指南。全球环境变化的人文因素计划(International Human Dimensions Programme on Global Environmental Change, IHDP)在跨领域问题中将脆弱性作为优先考虑事项,并对其各项计划中的脆弱性问题进行评估。可持续发展国际合作科学计划更是把脆弱性当作原型问题,给予高度的优先考虑。

我国学者开展脆弱性研究的时间并不长,国内专门针对脆弱性的理论、影响机理、测量方法的系统研究不多,全面、深入的研究相对欠缺。因此,本书以脆弱性一般性研究为基础,通过辨析我国快速城市化发展中的相关问题,以脆弱性中的社会维度为主要关注点,辨析社会脆弱性的核心特征和影响因素,建立社会脆弱性评估理论模型及方法体系,挖掘我国社会脆弱性的空间格局与差异,进而深入探讨控制风险的综合治理措施,以期为我国在快速城市化中建设韧性社会提供理论借鉴和方法指导。

第二章　认识脆弱性

第一节　脆弱性思想溯源

脆弱性的思想是在学者们探究灾害的形成机制中逐步产生并发展起来的。

在20世纪70年代以前，认识和解释灾害的主流观点是自然主义和环境决定论，而不是从社会学视角去剖析灾害的内在形成机制。本·威斯纳(Ben Wisner)在其著作《危险中的社会：自然灾害、人类脆弱性与灾难风险》(*At Risk*: *Natural Hazards*, *People's Vulnerability and Disasters*)中详细介绍了自然主义观点和环境决定论观点。自然主义观点：自然主义(naturalism)，又称为物理主义(physicalism)，这种观点将灾害归咎于“自然的暴力”或者是“自然的暴行”，该观点缺乏对人类自身行为的反省，也就因此失去了开展防灾减灾和应急管理的主观能动性。环境决定论观点：带有环境决定论色彩的人地关系论。这种观点将灾害归因于人类有限的理性，认为人类的有限理性造成了人类对自然环境危险性的误判，由此导致了灾害的产生，例如，人类一次次选择在洪泛区、地震断裂带和滑坡影响区等高风险区域重建家园，其背后原因正是有限理性的作用。有限理性导致人们对危险环境缺乏足够清醒的认识和了解，同时，他们在惯性思维和固有认知模式的影响下，把对居住环境的熟悉程度与安全性草率地建立了正相关的联系。

诞生于20世纪初的“人类生态学学派”(亦称“芝加哥学派”或“行为范式”)及“结构视角学派”(又称“结构范式”)为当时的灾害学界带来了认识和解释灾害内在形成机制的新视角，同时也深刻影响了灾害脆弱性研究的发展。

一、人类生态学学派对脆弱性发展的影响

1915年，美国芝加哥学派创始人帕克(R. E. Park)在《美国社会学期刊》(*American Journal of Sociology*, *AJS*)上发表了题为《城市：对城市环境中人类行为调查的建议》(“The City: Suggestions for the Investigation of Human Behavior in the City Environment”)的文章，将生物群落的理论应用于城市环境研究，关注人类群体生活与城市环境在空间结构、社会结构上的展现，由此开创了人类生态学研究的先河。人类生态学是研究人类与自然、社会和建筑环境相互关系的综合性分支学科。人类生态学的

学者们认为:“人类所有的活动对其发生的环境都有某种影响,其中大部分的影响都是短期的……但是人类的某些活动,无论是直接的还是间接的,都是环境变化的主要因素。”由此可见,人类生态学学派具有以下特征:① 自然与人文兼顾的综合性视角;② 重视人类活动在环境变化中发挥的能动作用。这两类特征为灾害脆弱性思想的萌芽奠定了基础。

约翰·杜威(John Dewey)、哈兰·巴罗斯(Harlan Barrows)、吉尔伯特·F.怀特(Gilbert F. White)以及罗伯特·W.凯茨(Robert W. Kates)等知名学者分别从不同的研究视角将人类生态学思想与灾害事件相联系,从而进一步为灾害脆弱性研究的孕育铺平了道路。杜威将人类生态学观点抽象至哲学层面后再与灾害事件建立联系。他认为人类的不安全感源于人类生活在一个危险的自然世界,因此个人和社会被迫通过设想的绝对真理(如宗教、科学和哲学)来寻求安全感。洪水、地震这些环境灾害事件并非是脱离社会的、纯粹的自然事件,它们由人类行为定义、重塑和重定向后再以特定面貌诞生并呈现。巴罗斯首次将人类生态学方法明确、系统地应用于当时从属于地理学的灾害学研究中,他带领学生深入研究人类及其社会是如何适应极端灾害事件的,当然他的研究对象以洪水灾害居多。受杜威思想和巴罗斯研究工作的影响,被尊称为洪泛区管理之父的知名地理学家怀特对当时片面强调“更大更强”的工程防灾思想和措施提出质疑。怀特认为,在防灾减灾过程中,我们应该汲取人类生态学派的思想精髓,重视人类对自然灾害的调整,自然灾害是自然和社会力量共同作用的结果,个人和社会的行为调整可以减少灾害损失(详见专栏 2.1)。

专栏 2.1

灾害学先驱吉尔伯特·F.怀特的洪灾研究

1927 年 1 月 1 日,受暴风雨和连绵数月雨水的影响,密西西比河及其支流水位暴涨。伊利诺伊州开罗市的河堤开裂,密西西比河溃坝在即。4 月 16 日,伊利诺伊州河堤被洪水冲垮;五日后,密西西比河河防决堤;接下来数周,整个密西西比河河堤系统崩溃,出现 145 处缺口。大水淹没了 7 万平方公里的土地,部分地区水深 9 米。洪水泛滥沿河 10 个州,阿肯色州 14%的土地被洪水覆盖。洪水导致上百万人流离失所,30 万人搬进难民营,246 人丧生,直接经济损失 4 000 万美元。洪水 2 个月后才逐渐退去,直到 8 月份才得到控制。这是美国历史上最大的一场洪灾。

两年后,怀特对密西西比河的管理进行评估。经过一系列研究后,怀特得出结论:我们重视防御洪灾的工程措施,例如,堤防、河道整治工程、水库等,但仅仅通过此类对河流加以限制的方法来抵挡洪水侵袭是造成洪水灾难的根源。我们其实还需要根据当地情况,设计出多种防御和适应方案来解决灾害问题。这些多样化的防御和适应方案应该考虑与洪水灾害相关的各方面的具体风险,包括自然环境和社会方面的因素。例如,生活在河漫滩的居民可能没有保险补贴,缺乏洪水暴发的周期和位置等预警信息,当地可能缺乏完善的疏散规划，风险区域划分草率以及应急管理低效，等等。如果这些社会方面的风险不解决，密西西比河很有可能再次泛滥成灾。

在怀特随后发表的研究著作《人类应对洪水的调整：用地理的方法解决美国的洪水问题》(*Human Adjustment to Floods: A Geographical Approach to the Flood Problem in the United States*)中，他深入讨论了人类防洪措施的问题。怀特认为美国过度依赖工程措施并没有减少反而增加了洪水造成的破坏。他指出“如果说洪水是上帝的行为，那么洪水损失主要是人的行为”，公众对工程措施的信心增加了他们对危险的洪泛区的占用和建设，这种有限理性行为实际是由工程设计标准创造出的安全假象所激发的。事实上，绝对安全是不存在的，等到洪水突破防御系统时，安全假象会导致更严重的灾难。上述观点被部分评论家视为20世纪北美地理学家做出的最重要的贡献之一。这部著作也被称为环境与社会研究的经典之作。

(资料来源：引自保罗·罗宾斯，约翰·欣茨，萨拉·摩尔.环境与社会：批判性导论[M].居方，译.南京：江苏人民出版社，2020.)

另一位著名地理学家凯茨接棒怀特的思想，他基于人类生态学观点，提出若要认识灾害形成与演变过程，并分析人类的抵御行为，需要结合自然属性与社会特征两个视角，深入研究社会经济、人口特征、风险感知、财产损失等与灾害相关的诸多方面。凯茨重要的代表性研究成果之一是解释说明人类个体对灾害风险的感知差异如何影响他们对灾害抵御措施的选择偏好。

上述几位著名学者的一系列研究推动了学界对社会因素在灾害形成机制中所起作用的认知，同时也带动了相关研究的兴起。由此，学界逐渐形成了以下两种观点：①“自然”灾害不仅仅是一种自然的暴行，它的暴发及造成的损失同样也归咎于人类错误的抵御行为和有限理性选择。② 为了减少自然灾害造成的潜在破坏，人类可以并且必须理性适应自然灾害。虽然，第二个观点受到了其他学者的批判，但总体而言，人类生态学的发展以及它所带动的灾害研究的深入，为灾害脆弱性思想的发展提供了适宜的土壤和坚实的基础。

二、结构视角学派与脆弱性发展的联系

20世纪70年代，除了人类生态学学派，还有不少学者基于结构视角，从社会、经济及政治体系的结构特征出发，探究灾害损失增加的根源。值得一提的是，他们往往重点关注欠发达国家。结构视角学派的学者，例如，肯尼思·休伊特(Kenneth Hewitt)、奥基弗(O'Keefe)、沃德尔(Waddell)等，批判人类对致灾因子属性的过分关注与强调，反对将资金过分投入于监测、预警、土地规划等工程性减灾措施。

肯尼思·休伊特是结构视角学派的代表人物，他认为灾难不是单纯的极端自然事件，也不是完全由自然因素决定。休伊特提出一个里程碑式的核心观点：风暴、地震、洪水和干旱等极端事件只有与人类社会结合时，才有可能造成由人员伤亡和经济损失定

义的伤害。脱离了人类社会,极端事件纯粹只是自然系统发生的一场扰动而已。这一观点直接促成了灾害脆弱性三大要素之一——暴露度概念的诞生。由此又衍生了相关重要思想:人们生活的经济、社会、文化和政治背景,甚至日常生活状态,都是影响灾害形成的关键因素。

结构视角学派的另一知名学者本·威斯纳总结了该学派的主要观点,提出"压力和释放"(Pressure and Release, PAR)模型,详细解释了灾害形成与演变的全过程:人类社会蕴含着一系列脆弱、容易造成灾害的"内在根源",它们首先转变为施加于人类社会的各种"动态压力",再演化为各类"不安全条件",直至与洪水、地震等致灾因子相遇,这才最终造成了灾害。如今,"压力和释放"模型已成为分析灾害脆弱性的重要理论框架。

可以发现,结构视角学派与人类生态学学派具有高度相似性,他们都关注社会因素在自然灾害中的重要地位,认为人类社会主动适应灾害是降低风险与灾害损失的关键。但是,两个学派对人类适应行为持有不同的观点。结构视角学派从宏观、深层的社会结构特征入手,认为人类采取应对灾害的适应行为时,因为制度等原因导致公众获取资源存在有限性和差异性,所以公众在客观上无法实现理性最优选择,由此造成了灾难的发生;人类生态学学派则擅长从微观、具体的公众行为特征入手,强调公众的灾害适应行为不可避免存在一定的有限理性和选择错误,从而埋下促成及扩大灾难的隐患。两派的思想都为灾害脆弱性研究的发展奠定了理论基础,并极大丰富了灾害脆弱性的研究内容。

第二节　脆弱性内涵与类型

一、脆弱性内涵:它是什么?

"面对自然灾害,人类社会为什么变得越来越脆弱?"这是一个萦绕在灾害学界不同学者脑海中的共同问题。学者们不同视角的思考和研究为此问题提供了多元化的解答,而这些解答确立了脆弱性的基本内涵,并推动它进一步丰富与演化。

20世纪70年代,灾害学家和工程技术人员着手研究与致灾因子相关的脆弱性。工程技术领域内学者关注的脆弱性一般与物体结构特性相联系,如房屋结构、桥体特性等。灾害学家则将这个概念进一步扩展,将其用于评价人类、建筑和基础设施在面对灾害事件时的敏感性。而且,他们特别强调对致灾因子造成的后果进行重点研究,并且认为脆弱性应该是从0(无损失)至1(完全破坏)范围内的损失程度,其表达形式通常是货币价值或死亡人口的概率。例如,1974年,怀特将脆弱性定义为"某一系统、子系统或系统的组成部分暴露于灾害、扰动或压力时遭受伤害的可能性"。休伊特将此类脆弱性研究归为致灾因子研究的范例之一。1975年,怀特提出防灾减灾的重点应该从致灾因子和工程措施研究拓展到人类行为研究,并指出人口特征、经济状况等社会因素同样能影响脆弱性。至此,怀特揭开了研究脆弱性社会属性的序幕。1978年,米切尔

(Mitchell)和艾夫斯(Ives)研究发现,人类在洪泛区、海岸带和陡坡等风险区域的适应行为和定居方式也会影响脆弱性。20世纪70年代末期,怀特和伊恩·波顿(Ian Burton)、罗伯特·W.凯茨等地理学家在灾害脆弱性方面开展了大量工作,其研究成果为脆弱性研究奠定了扎实的理论基础。

到了20世纪80年代,越来越多的研究者关注、探讨脆弱性的社会维度,并批判性地讨论了单纯应用自然科学视角进行脆弱性研究的局限性。1981年,佩兰达(Pelanda)指出,“灾害是社会脆弱性的实现”,“灾害是一种或多种致灾因子对脆弱群体、易损建筑物、经济财产以及敏感环境打击的结果”。佩兰达接棒怀特的观点,再次肯定灾害的形成及灾情的大小是受到致灾因子和社会脆弱性共同影响的。同年,蒂默曼(Timmerman)描绘了灾害导致社会系统崩溃的四个模型,提出脆弱性是“承受危害或是抵御灾害的能力”,再次将脆弱性与韧性相联系,并比较分析两者在应对灾害风险中的应用。1982年,伯林(Bolin)分析了年龄和定居方式对脆弱性的影响;1983年,休伊特编写《从人类生态学的角度解读灾害》(*Interpretations of Calamity: From the Viewpoint of Human Ecology*),书中收集编录了埃里克·沃德尔(Eric Waddell)、乔治·小莫伦(George E.B. Morren Jr)、理查德·A.沃里克(Richard A. Warrick),以及琼·科潘斯(Jean Copans)等多位知名学者的文章,依据新几内亚对霜冻灾害的适应案例、美国大平原干旱案例和撒哈拉地区干旱案例,探讨灾害中的脆弱性假设、政治经济状况对脆弱性的影响等,由此从不同途径引导读者思考这种伴随人类发展而生的脆弱性,进而肯定了研究灾害脆弱性对人类社会本身的重要意义。总之,《从人类生态学的角度解读灾害》是一部在脆弱性研究中具有里程碑意义的重要著作。

20世纪80年代中后期,学者们将研究从自然灾害延伸到气候变化及技术灾害领域,同时进一步丰富了脆弱性社会因素的研究内容。例如,1985年,罗伯特·W.凯茨首先关注了气候领域的脆弱性问题。他在探讨气候与社会相互作用模型的基础上,提出三个方法论重点:关注气候扰动本身、关注气候变化中的高脆弱高敏感群体,关注气候变化的高风险地区,以及关注影响脆弱性的社会行为。伯林则将脆弱性研究聚焦灾害之后的长期恢复规划范畴,重点探讨了受灾群体的房屋结构、居住环境、家庭结构、心理健康等对灾害脆弱性的影响作用。1986年4月,乌克兰境内切尔诺贝利核电站发生核反应堆破裂事故。该事故是历史上最严重的核电事故,也是首例被国际核事件分级表评为最高第七级事件的特大事故。受其影响,人为技术灾难开始得到学界的广泛关注。例如,1986年5月,戴安娜·利弗曼(Diana M. Liverman)开启了对人为技术灾难的脆弱性研究。她聚焦北美和欧洲城市的技术事故风险,认为此类事故风险取决于城市规模、城区内的技术危险源属性以及城市本身的脆弱性。而这种城市脆弱性是复杂且多源的,它由城市土地利用规划与控制、应急规划与响应的有效性,城市居民的社会经济特征所共同决定。1987年,刘易斯(Lewis)将切尔诺贝利事故中受灾群体的脆弱性与风险、生存能力、恢复率相联系,并从人口、规划和民防三个方面进行深入研究与探讨。同年,帕尔(Parr)将脆弱性研究与不同群体相联系,指出灾害对每个人的影响方式是有差异性的，并据此发文重点探讨了生理残疾群体在灾害中表现出的脆弱性，呼吁大家关注此类群体在灾害中的特殊需求。

从20世纪80年代中后期至20世纪90年代，包含致灾因子(即暴露风险)分析、社会脆弱性分析以及两者相互作用分析的综合脆弱性研究开始涌现。此类脆弱性研究的应用范围广泛，包括小至社区、大至全球的各个尺度。例如，帕里(Parry)等人指出在研究农业系统面对气候变化的脆弱性时，需要同时关注自然系统的敏感性和社会经济系统的易损性。1987年，皮尔斯·布莱基(Piers Blaikie)和布鲁克菲尔德(Brookfield)在研究土地退化问题时，分析了自然、技术、经济和政治等影响脆弱性的多种因素。1990年，利弗曼针对全球环境变化，从自然环境和政治经济两个不同视角对旱灾脆弱性及其早期预警进行深入研究。1995年，学界三位著名学者：珍妮·卡斯帕森(Jeanne X. Kasperson)、罗杰·卡斯帕森(Roger E. Kasperson)和特纳(B. L. Turner)编辑出版了著作《面临风险的地区：受威胁环境的比较》(*Regions at Risk: Comparisons of Threatened Environments*)，该书对亚马孙流域、咸海盆地、尼泊尔中山、肯尼亚乌坎巴尼地区、美国南部高平原Llano Estacado地区、墨西哥盆地、北海、中国鄂尔多斯高原及东南亚东部地区的环境退化进行暴露风险和社会脆弱性的对比分析。虽然他们侧重于脆弱性社会维度的分析，但也提出了“脆弱性是暴露、抵御和恢复能力三者的共同产物”的重要观点。1996年，卡特(Cutter)结合前人在自然脆弱性和社会脆弱性两个领域的工作，提出了名为“地方—灾害”的综合脆弱性概念模型，该模型以系统本身和外界压力两个维度为切入点，通过自然脆弱性和社会脆弱性两者来共同定义并解读地区的综合脆弱性。肯尼思·休伊特继1983年批判灾害研究主流观点后，在1997年再次强调社会因素的重要性，并将脆弱性思想推广到自然灾害之外的技术灾害和社会暴力的研究中。他认为，任何灾害的形成都由致灾因子、脆弱性、危险干扰条件、人类应对措施共同决定，对灾害产生及影响方式的研究需要追溯到孕育灾害的根源，譬如，日常生活场景、自然环境、地理位置和社会关系等。2000年，因为灾前预警规划的需要，卡特等人应用该模型对南卡罗来纳州乔治敦县进行多灾种脆弱性的定量评估，并利用地理信息系统展示了该研究区的脆弱性空间格局。从此，脆弱性评估研究进入了空间展示与空间分析的研究阶段。

目前，脆弱性已成为气候变化、粮食安全、可持续发展、城市管理等诸多领域的研究热点，学者们为脆弱性内涵提供了多样化的解读，并从自然科学、社会科学、政治学、经济学、管理学等不同学科背景出发，赋予了脆弱性各具特色的定义。例如，福特(Ford)曾统计发现33种脆弱性定义，美国国家海洋和大气管理局(National Oceanic and Atmospheric Administration, NOAA)总结了23种脆弱性定义，卡特也曾列举出十多种不同的脆弱性定义。表2-1整理了不同时期、不同研究视角的代表性定义。

表 2-1　脆弱性的代表性定义

研究视角	作者	时间	定义
致灾因子后果论	Gilbert F. White	1974 年	某一系统、子系统或系统的组成部分暴露于灾害、扰动或压力时遭受伤害的可能性
	Gabor & Griffith	1980 年	脆弱性是一个地区因为暴露于危险环境而受到的一种威胁，它既包括安全时期的生态环境状况，又包括危险时期地区所表现的应急能力
	UNDRO	1982 年	脆弱性指个人、家庭、社区、阶级或地区等在遭遇极端灾害事件后蒙受损失的程度，用从 0（无损坏）到 1（总损失）的等级表示
	Susman et al	1983 年	包括极端灾害事件的出现概率和社会吸收灾害不利后果的程度
	Kates	1985 年	遭受破坏或抵抗破坏的能力
	UN	1992 年	由于潜在破坏而导致的损失程度（0—100%）
承灾体社会特征论	Bohle	1994 年	脆弱性是对人类社会（包括环境、社会、经济、政治）在有害扰动中的一种综合评定
	Blaikie	1994 年	脆弱性是个人或群体的一种特征，其衡量标准是人们预料、调整、抵抗自然灾害并从中恢复的能力
	Dow & Downing	1995 年	脆弱性是一种环境的敏感性，它包括与自然灾害有关的自然、人口、经济、社会和技术等各个影响因素
	Lewis	1997 年	脆弱性是一种社会经济的普遍情况
	Adger & Kelly	1999 年	脆弱性是个人、群体或社会的一种状态，具体地说，是对外界压力的调整和适应能力
	Ben Wisner et al	2004 年	个人或群体的特征及其表现出的预测、应对、抵抗、恢复的能力
	UNU-EHS	2007 年	反映个人、组织和社会没有能力抵御其所暴露的多重压力下的不利影响
	Cutter	2008 年	社会群体在应对灾害时的敏感性以及受到灾害影响后的应对能力和恢复能力，是社会不平等的产物，通过人口特征、社会经济条件体现出来
	Chen et al	2013 年	在预先存在的条件下，影响人类社会、群体做好灾前准备和从灾后重建中恢复的能力
	贾珊珊等	2014 年	对社会系统可持续发展水平的度量，是区域社会系统在内外部不利扰动下表现出来的一种内在属性
	Koks et al	2014 年	社会应对灾害事件的能力
	李畅等	2015 年	敏感性的社会群体、组织或国家面对灾害的应对能力以及从自然灾害中恢复的能力

续　表

研究视角	作者	时间	定义
综合论	Jeanne X. Kasperson et al	1995 年	脆弱性是暴露、抵御(承受冲击的能力)和韧性(维持基本结构和从损失中恢复的能力)三个维度的共同产物
	Cutter	1996 年	脆弱性是个人或群体因为暴露于致灾因子而受到影响的可能性。它是地区致灾因子和社会体系相互作用的产物
	George E. Clark	1998 年	脆弱性是两大变量的函数:暴露度(遭遇灾害事件的风险)和适应能力(包括抵御能力和恢复能力)
	Kasperson	2001 年	个体因为暴露于外界压力而存在的敏感性,以及个体调整、恢复或进行根本改变(如变为新系统或自我耗散)的能力
	IPCC	2001 年	脆弱性是指系统易受或没有能力对付气候变化包括气候变率和极端气候事件不利影响的程度。脆弱性是某一系统气候的变率特征、幅度和变化速率,以及敏感性和适应能力的函数
	周利敏	2012 年	社会群体、组织或国家暴露在灾害冲击下潜在的受灾因素、受伤害程度及应对能力的大小
	黄晓军	2014 年	暴露于外部扰动下的社会系统,由于自身的敏感性特征和缺乏对外部扰动的应对能力而使系统受到的负面影响或损害状态

(资料来源:参见 Cutter S L. Vulnerability to environmental hazards [J]. Progress in human geology, 1996, 20(4):529-539;何艳冰. 城市边缘区社会脆弱性与失地农户适应性研究 [M].北京:中国社会科学出版社,2020.)

二、脆弱性的基本类型:它是怎样的?

脆弱性研究发展至今,对于"脆弱性是什么"的问题,大家已经基本达成共识:从广义上讲,脆弱性是遭受损失或伤害的可能性。它是自然系统(即致灾因子)和人类系统(即承灾体)共同的产物。人类的存在及其行为与纯自然的致灾因子发生复杂的相互作用,从而将自然事件转变为影响人类社会的灾害。在上述转变过程中,脆弱性被拓展为两种基本类别:自然脆弱性和社会脆弱性。

本·威斯纳曾以其著作《危险中的社会:自然灾害、人类脆弱性与灾难风险》(*At Risk: Natural Hazards, People's Vulnerability and Disasters*)封面上的名画《神奈川冲浪里》为例,简单生动地解释了脆弱性的这两种类型。《神奈川冲浪里》描绘的是神奈川风暴潮中三艘奋进的渔船,英勇的渔夫们为了生存而与大自然进行着惊险而激烈的搏斗。在这幅画作中,渔船和渔网的特征,如渔船和渔网的材质、渔船的结构属于自然脆弱性,渔船或渔网的损失属于风暴潮灾害导致的直接损失之一,它将对渔夫们未来的生计产生不利影响。社会脆弱性则可由以下两个方面所呈现:① 渔夫入海前的身体素质决定了渔夫个人抵御风暴潮的能力,此为社会脆弱性属性;② 渔夫入海前与生计相关的经济特征和社会关系可帮助幸存的渔夫开展恢复重建活动,也可以为遇难渔夫家的寡妇和孤儿提供生活支持。总之，这些因素决定着渔夫或渔夫家人在灾后恢复到正常生活的能力，进而影响风暴潮灾害的间接损失。它们也是社会脆弱性的一部分。

自然脆弱性和社会脆弱性共同决定着渔夫们在风暴潮灾害中的伤亡情况、直接损失和上岸后受恢复能力影响的间接损失。

图 2－1　日本名画：《神奈川冲浪里》（作者：葛饰北斋，1831 年）

1. 自然脆弱性及其相关研究。

自然脆弱性源于传统的灾害评估研究，怀特定义了自然脆弱性的内涵（表 2－1）：一种由极端事件（如自然灾害、技术灾害、扰动或压力）引起的暴露风险。这种暴露风险是灾害发生前就已经存在的环境特征，包括建筑物和生命线在结构上的脆弱性、人和地区生物物理属性所包含的敏感状态。在研究自然脆弱性时，通常会考虑许多影响因素。例如：伊恩·波顿等人指出关于极端事件（即致灾因子）的七项关键要素：强度、频率、持续时间、暴发速度、地理范围、空间扩散和时间间隔。显然，不同类型的极端事件会导致不同类型的危害，这些危害会造成不同的损失，并对承受危害的人类社会带来截然不同的挑战。例如，地震或海啸的暴发时间极短，我们必须做出快速反应和救援，而间歇性干旱和流行病的影响则相对缓慢，作用时间也相对持续而漫长，这就要求我们能做出灵活的、与时俱进的应对策略。极端灾害事件的暴发可能会导致人类社会系统的破坏，所以自然脆弱性研究也关注资源的受影响状况，包括人类居住地的分布特征、自然资源的可获取性、建筑结构与质量、土地利用及土地覆盖等。以居住地分布特征为例，一方面，人类居住地与居民可用资源的丰富程度与获取便利性密切相关，生活在封闭和恶劣环境中的居民最有可能面临资源短缺的风险,从而直接影响他们的承受能力、抵御能力及恢复能力,因此此类地区就呈现出了高脆弱性的特征。另一方面,人类在高风险区(如洪泛区、地震带)的居住地离危险源越近,则脆弱性越大。居住地分布特征研究是灾害自然脆弱性分析的重要内容之一。值得注意的是,人类对居住地的选择虽然属于个体选择,但实际被社会发展过程中所形成的政治、经济、文化背景所影响,这为自然脆弱性和社会脆弱性提供了彼此联系的桥梁。

目前,自然脆弱性研究不仅在灾害学领域,而且在生态学、流行病学和健康学领域都有相关应用,它的发展对提升防灾减灾水平而言是至关重要的。但不可否认,自然脆弱性研究具有一定的局限性:① 针对极端事件做脆弱性分析是十分必要的,但是仅局限于此并不足以了解脆弱性的复杂性和动态过程。② 致灾因子的作用被过分强调,以致忽略或弱化社会结构和人类活动对脆弱性的放大和减小作用。换句话说,它把脆弱性视为附加于社会的问题,而没有意识到脆弱性同时也是社会自身的问题。因此,它容易使人类建立虚假的安全感,或者对解决灾害的信心过度膨胀。事实上,秉持自然脆弱性观点开展工程技术措施的研究及应用,随着全球人口数量的剧增、财富分化的严重化,已经无法有效改变"自然灾害发生频率基本不变,而经济损失和人员伤亡却不断上升"的不利局面。所以说,单方面依靠自然脆弱性的研究与应用,不足以解决实际上越来越复杂的减灾困境。

2. 社会脆弱性及其相关研究。

1994 年,皮尔斯・布莱基等人提出"理解灾害为何发生的关键在于我们要认识到导致灾害的不仅仅是自然事件,还包括社会、政治和经济环境,因为它们塑造了不同人群的不同生活"。布莱基这段具有代表性的陈述,表达了当时社会学家们已经达成的共识:日常生活中的差异和冲突会在灾害中以另一种形式再现并直接影响灾难的生成,关注灾害社会脆弱性的形成与发展有助于解释"在同样的致灾因子作用下,在危险环境中暴露水平相似的承灾体为何会经历不同的负面影响"。同时,越来越多的自然科学学者也开始意识到社会脆弱性研究的重要性,承认要想更有效地减轻灾害造成的负面影响,离不开对社会建构的脆弱性开展深入、系统的研究。

与自然脆弱性相反,社会脆弱性观点植根于政治经济学和政治生态学领域。表 2-1中"承灾体社会特征论"一栏的所有定义代表了社会脆弱性内涵的不同表述,其中包含的共性是:社会脆弱性是人类社会预先就存在的性质,它与致灾因子无关。正如魏克塞尔加特纳(Weichselgartner)所说,"社会脆弱性强调人类对灾害的影响,描述人和人口的状态,认为脆弱性由社会建构,而极端灾害事件的特性只是提供了一种既定的背景,因此,脆弱性可简单理解为'社会的脆弱性'"。

社会脆弱性研究集中于四个核心问题:① 谁是脆弱的? ② 他们为什么脆弱? ③ 他们的脆弱性是怎样的? ④ 制度如何导致脆弱性的生成? 来自社会学和地理学领域的学者就核心问题的解答提供了不同视角的"研究范式"。社会学领域对脆弱性的研究主要分为政治经济学和政治生态学两种派别，其中做出重要贡献的学者包括阿马蒂亚·森(Amartya Sen)、皮尔斯·布莱基、汉斯·伯勒(Hans Bohle)、肯尼思·休伊特、迈克尔·瓦茨(Michael Watts)和本·威斯纳等。

表 2-2 社会脆弱性在政治、经济、社会和制度领域的构成要素

领域	构成要素
政治	民主制度的力量、人权、政府行为的合法性、腐败程度、公民参与度、与地方政府的联系、与民间组织的联系等
经济	收入、财富、债务、信贷准入、经济储备、贸易政策等
社会	阶级、性别、种族、年龄、宗教、移民身份、识字率、教育、健康等
制度	规则、条例、惯例、计划、决策程序等

(资料来源：Burton C G, Rufat S, Tate E. Social vulnerability: conceptual foundations and geospatial modeling[M]// Fuchs S, Thaler T. Vulnerability and resilience to natural hazards. Cambridge: Cambridge University Press, 2018: 53-82.)

政治经济学研究人员通常关注政治、经济、社会和制度等领域中的构成要素(详见表 2-2)是如何产生不同的暴露度和敏感性的，尤其重视分析不同因素之间的相互作用。例如，承灾体不同的社会经济规模和经济发展水平塑造了一个具有不同吸收能力、抵御能力和恢复能力的人类社会复杂系统，当它在遭遇类似极端灾害事件时，会表现出不同的灾害损失。一次极端灾害事件，发生在大国时，负面影响可能小到不被察觉；但如果发生在小国，那它可能给这个国家带来毁灭性打击。当然，即使受到同样的灾害经济损失，经济欠发达的国家会遭遇更严重的社会影响(详见专栏 2.2)。

专栏 2.2

不同国家遭遇极端灾害事件后呈现出损失的差异性

2001 年，国际红十字会在其撰写的世界灾害报告中提供了来自联合国开发计划署和灾害传染病学研究中心(Centre for Research on the Epidemiology of Disasters, CRED)的数据，这些数据表明：极端灾害事件对不同人类发展指数(Human Development Index, HDI)的国家造成了不同的负面影响。1991 年至 2000 年间，极端灾害事件共发生 2 557 起，其中有 50%发生在人类发展指数中等的国家。三分之二的死亡人口源自人类发展指数低的国家，人类发展指数高的国家出现的死亡人口比例仅占 2%。平均而言，人类发展指数低的国家平均每次灾害因灾死亡人口为 1 052 人，因灾直接经济损失为 0.79 亿美元；人类发展指数中等的国家平均每次灾害因灾死亡人口为 145 人，因灾直接经济损失为 2.09 亿美元；人类发展指数高的国家平均每次灾害因灾死亡人口为 23 人，因灾直接经济损失为 6.36 亿美元。虽然人类发展指数越高的国家因灾经济损失也越高，但是从具体灾害案例可发现，发展相对落后的国家，因灾损失的比例更高。例如：

● 2005 年，“卡特里娜”飓风曾经震惊世人，但它造成的经济损失仅为美国当年国内生产总值的 0.96%。

● 2010 年，海地 7.0 级地震导致的直接经济损失亦远远超过其当年的国内生产总值，据估计达到 120%。

● 2011 年，“3·11”日本大地震及其引发的大海啸，造成的直接经济损失高达 2 350亿美元，但仅占日本国内生产总值的 3.8%左右。

● 2017 年，“玛丽亚”于 9 月 19 日由热带风暴升级为致命的 5 类飓风，摧毁了多米尼加、圣克鲁瓦和波多黎各等岛屿国家，成为有史以来影响这些岛屿国家最严重的自然灾害。其中，飓风灾害给多米尼加造成高达 13.7 亿美元的经济损失，相当于 2016 年该国国内生产总值的 226%。

这些有差异的与灾害相关的综合能力在政治经济维度上表现为生计权利的缺失，即承灾体获得的可支配商品或资源权利的缺失。而对这些权利的所有权是历史、文化、制度和经济因素共同作用的结果。对生计权利的掌握使得承灾体在面临灾害或环境压力时具备灵活多样的应对手段和能力；反之，生计权利的缺失会通过社会因素转化为脆弱性，从而导致在极端灾害事件中不平等的暴露。瓦茨和伯勒曾经从权利角度分析了人类社会中的群体贫困与饥荒脆弱性的因果关系。阿杰（Adger）和凯利（Kelly）以越南为例，将脆弱性定义为个人或集体由于环境变化影响而面临的生计压力，并且从越南的市场和制度两个角度来分析生计脆弱性产生的内在原因。

政治生态学研究者则主要针对政治、经济、社会、历史和制度领域中的某一影响要素，深入分析它与承灾体脆弱性的因果联系。例如，研究贫穷、资源获取能力、不平等性、边缘化等如何产生、加剧或减轻灾害的破坏作用。其中，不平等性通常由年龄、性别、健康、文化、种族差异所引起的差异，边缘化一般反映移民、旅游者、临时住户等相对特殊群体的融入问题，两者都会带来承灾体脆弱性的改变。1995 年，卡特从环境正义的视角，探讨少数民族和低收入群体被迫承担的额外的环境脆弱性；2002 年，坎农（Cannon）以性别为切入点，探究性别差异可能导致的脆弱性变化。经研究发现，孟加拉国女性比男性更容易受到气候变化和极端气候事件的影响，因灾致贫的可能性也更大，所以孟加拉国女性脆弱性高于男性；2012 年，考尔（Call）基于印度尼西亚第四次家庭生活调查数据，考察宗教衍生的世界观对印度尼西亚社区的灾害响应和适应行为的差异，以此验证文化对灾害脆弱性的影响。2014 年，沃尔特斯（Walters）和盖拉德（Gaillard）以印度德里为研究区，着重探讨边缘群体（如无家可归者）与不同级别灾害脆弱性之间的复杂关系。

无论是政治经济学派还是政治生态学派，他们都认为灾难源于政治和经济体系中存在的根源问题，这些问题导致人类社会的不平等、边缘化和个人行动限制。因此，想要真正了解灾害的内在形成机制，就不能只关注致灾因子一个方面。皮尔斯·布莱基等人将这一观点进行凝练，最终在其基础上提出了著名的解释灾害形成与演变，同时亦包含致灾因子、脆弱性与风险三者关系的"压力和释放"模型。模型指出致灾因子和脆弱性都是风险的一部分，并详细说明了社会、经济、政治体系作为根源是如何经过"动态压力"和"不安全的环境"两个阶段产生灾害脆弱性。这一思想得到了人文地理学者的赞同，他们还关注到脆弱性在社会和地理空间中的显著差异性，认为"脆弱"是由人类社会的政治、经济和制度在特定时间和特定地点的表现所定义的。当社会脆弱性被赋予时空特征并且与灾害背景实现分离后，估算社会脆弱性并描绘它在空间中的可变性就具有了重要的实践意义和价值。地理学领域的学者们通过各种定量方法来估算社会脆弱性，并且积极探索社会脆弱性与暴露度、危险环境的空间叠加问题，从而展示和分析灾害形成过程中脆弱性重要影响要素或要素集的空间差异。

至今，社会脆弱性已经发展成为灾害脆弱性研究的重要组成部分。该类研究的一个强大优势是关注脆弱性的内在根源，而不是局限于表象问题。事实上，唯有透过社会脆弱性的研究，我们才能真正追踪到灾害影响过程中最脆弱、最需要帮助的群体和地区。

三、脆弱性内涵再思考

2006 年，比克曼（Birkmann）编著了《自然灾害脆弱性测量》（*Measuring Vulnerability to Natural Hazards*）一书。在书中，他解释说明了自然灾害脆弱性内涵研究的演变过程：第一阶段，脆弱性被视为单纯针对自然因素的系统固有属性，作为内在、隐含的风险因素而存在。第二阶段，以人类社会为中心，脆弱性被定义为可能受伤害的程度。上述两个阶段的理论产出代表了自然脆弱性学派的核心思想。第三阶段，重视社会因素的分析，强调灾害脆弱性是人类社会具有"敏感性"与"应对能力"双重结构交互作用的综合表现，这是社会脆弱性学派的代表观点。第四阶段，双重结构推广为多重结构，暴露度也被吸纳进灾害脆弱性的定义中，并成为脆弱性由内向外展现的关键一环。第五阶段，环境因素加入脆弱性定义与理论模型中。

至此，脆弱性内涵演化拓展为针对自然系统和社会系统的、意义更为广泛的综合概念。图 2－2 详细展现了脆弱性概念的拓展过程。这一过程表明人类不再简单地将灾害视为不可改变的上帝的旨意，而是对自然灾害有了更为全面和深刻的认知——灾害兼具自然和社会两种属性。同时，它也象征着人类社会从最初面对灾害打击时消极应对、被动接受的状态，转变为积极调整、主动适应的状态，人类开始注重自身行为、社会结构、制度特征等人文属性在自然灾害脆弱性形成及演变过程中的关键作用。

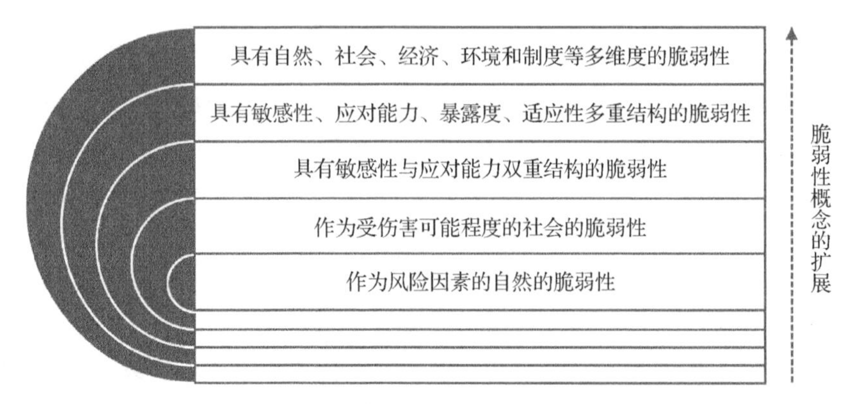

图 2－2　脆弱性概念的扩展过程

比克曼在书中亦提出当下学界关于脆弱性内涵达成的“一个基本共识是:脆弱性与人类社会的暴露度、敏感性及适应性相关”。因此,下文将就暴露度、敏感性与适应性三者展开具体介绍。

1. 脆弱性基本要素:暴露度。

暴露度是与脆弱性密切相关的核心概念,指系统或人类社会受到灾害打击或外界扰动的程度、持续时间和范围。博赫尔(Bohel)提出暴露度与敏感性、适应性具有本质区别,暴露度表征人类社会与致灾因子(或扰动)之间的相遇关系,它属于脆弱性的外部表征;而敏感性和适应性则属于脆弱性的内在特性。比克曼等多数学者将暴露度视为脆弱性的构成要素,但加洛平(Gallopin)持反对意见,他认为脆弱性只是人类社会敏感性和适应性的函数,灾害损失的形成取决于脆弱性、致灾因子和暴露度三者的性质。

无论如何,上述争议只是就暴露度的归属方式展开的,不可否认的是暴露度本身的客观存在,它刻画了在灾害损失的形成过程中,人类社会出现于危险自然环境并承受冲击的关键环节与相关特质,其重要性是不容忽视的。例如,一个社区可能对某种潜在的灾害打击或外界扰动不具备抵御能力,一旦遭遇极端事件就会崩溃,但是只要它没有暴露在相应致灾因子的影响范围之内,那么该社区就可以免受灾害冲击而保持“安然无恙”。简单来说,社区通过“置身事外”将该种灾害的风险完全规避了。换个视角看,如果危险区域内不存在人或物,那么以人员伤亡和经济损失为标志的灾害自然也就无从谈起。又如,一个免疫力低下的人具有易患病的敏感特质,但是如果他/她被限制在一个无菌环境中,即我们将他/她暴露在需要免疫力发挥作用的自然环境中的可能性降为绝对零值,那么他/她就不可能因自身的免疫力问题而感染得病。再如,假定无人区发生了一次地震,但是因为没有人或财产暴露在该区域,所以这场地震无论强度如何,它都只是纯自然领域内的一次突发事件,产生不了灾害损失,也就不具备从致灾因子事件过渡到灾害的可能。

2. 脆弱性基本要素：敏感性。

敏感性是脆弱性内在特质之一，它的内涵因研究领域而异。在气候变化研究领域中，联合国政府间气候变化专门委员会在2001年将敏感性定义为一个系统受到气候等相关扰动的不利或有利影响的程度。这种影响可能是直接的(如，作物产量随温度平均值、范围的变化而变化)或间接的(如，海平面上升导致沿海洪水频率增加而造成灾害损失上升)。阿杰沿用了IPCC的上述定义，认为“人类或自然系统被改变或影响的程度”，他不再考虑系统受到的有利影响。斯米特(Smit)和万德尔(Wandel)同时讨论了暴露度和敏感性，认为两者具有很强的相关性。在灾害领域，波顿等人提出“敏感性指暴露在危险环境中的人及其居住地遭受致灾事件不利后果的倾向”。波顿实际上通过“倾向”这一关键词将IPCC对敏感性定义中的“程度”修正为“容易程度”，由此与“敏感”这一字面意思有了更好的呼应。例如前文提到的不具备抵御能力的社区、易患病的个体就具有较高的敏感性。

可以发现，敏感性概念在灾害领域的转变是明显的：其一是将范围更广的气候相关扰动缩小为灾害事件；其二是以人或所在地为中心；其三是强调发生不利后果的容易程度。在灾害领域，敏感性越高，脆弱性越大，两者呈正相关。

3. 脆弱性基本要素：适应性。

适应性是刻画脆弱性内在属性的另一重要表征。适应性源自生物学或生态学的相关研究，原指社会生态系统对环境变化及其影响的调整与响应能力。如今，它被广泛应用于气候变化和灾害领域。但是，不同领域的学者对其内涵的理解存在差异性。有学者认为，应对能力与响应能力属于人类社会面对灾害等突发事件时应急性改变和短期生存能力的体现，而适应性对应于长期或更可持续的调整能力；也有学者认为，适应性包含应对能力与响应能力，它指承灾体(如人、社区等)针对灾害不利影响而采取一切积极行为的综合能力。

从本质而言，适应性的核心就是“应对灾害的调整性”，对于长期或短期的讨论其实并非重点。适应性意味着个人、群体等承灾体通过改善自身遗传属性、个体行为、价值观念、经济结构、制度行为等相关特征，达到与灾害引发的突变新环境协调配合、适应灾害所致不利影响的能力。适应性的获取及提高有多种途径，例如，可以通过防灾减灾的文化继承、先进理念与经验的学习来尽可能减少不利后果的影响程度，并创造及增加有利机会，由此更好地应对不可驯服的灾害事件、气候变化等。适应性的概念符合当下的灾害综合管理的主流认知——当人类完全控制自然尚不可行时，不如学会与风险科学、和谐地共存，这是我们身处当下复杂风险社会中可选的更务实、更理性的方案。

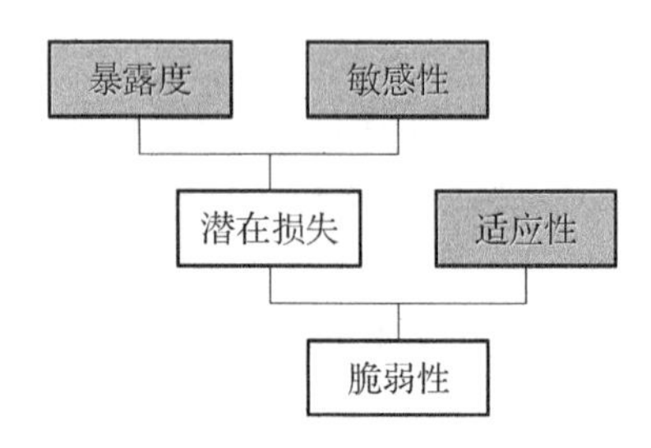

图 2－3　暴露度、敏感性、适应性与脆弱性的关系

图 2－3 简要说明了暴露度、敏感性、适应性三者与脆弱性的关系。首先，暴露度和敏感性共同决定了人类社会受灾害打击后的潜在损失，适应性与潜在损失相互作用和制约，两者构成了最终的脆弱性。就内在关系而言，暴露度和敏感性都与潜在损失呈正相关，潜在损失与脆弱性呈正相关，因此暴露度和敏感性也与脆弱性呈正相关。如果我们想要控制灾害脆弱性，那么通过控制暴露度和敏感性是可行的。而适应性是与潜在损失相对的，其目的为降低人类社会的潜在损失，因此适应性与脆弱性呈负相关。如果我们想要降低脆弱性，那么除了控制暴露度和敏感性，提升我们自身的适应性也是有效途径之一。

我们可以通过以下两个简单例子来加深认识。

例一：关于水灾。当洪水来临时，不结实的房屋肯定比坚固的房屋更容易遭到破坏，房屋的坚固度就是敏感性表现之一。如果房屋建在低洼地带，那么它就处在容易被洪水淹没的高风险区域内，这说明房屋的暴露度高，生活在其中的房主也因此具有了高暴露度。当房主掌握有丰富生活资源、社会资源时，他可以加固房屋，从而降低房屋对洪水的敏感性。当然房主也可以购买非洪泛区的房屋，从而搬迁到安全的低风险区域，随着房屋暴露度的降低房主家庭的暴露度也随之下降。当然，他们还可以采取可行的防灾减灾措施，例如，通过将易受水灾影响的家具搬到高层、储备生活用品与急救用品等防灾减灾措施来降低洪水带来的潜在损失；或者，通过事先购买洪水保险来转移水灾带来的经济损失，使家庭在灾后有足够的经济资本恢复到预期水平。这些应急响应及调整行为就体现了该家庭的水灾适应性，它们的实施能降低脆弱性。

例二：以新冠疫情为例。在疫情期间，老人和有基础疾病的人往往容易被感染，感染后更容易从轻症转为重症，甚至死亡，这就是敏感性。疫情暴发期间，生活在中、高风险区的居民暴露度就高于低风险区及非风险区居民，他们更容易与感染病例相遇。而疫苗接种是降低个体敏感性的典型防疫措施；佩戴口罩、保持一米社交距离、封闭管控等则是降低个体暴露度的应对措施；城市或农村具有的医疗资源（防护用品、药品、医护人员、医院床位等）的充足度，体现了该地区应对疫情并从疫情打击中顺利恢复的能力，因此这些措施和资源构成了适应性的一部分。

第三节　脆弱性的亲密伙伴:韧性

韧性与脆弱性一样,也是一个理解灾害本质、灾害形成与演变过程的核心概念,且与脆弱性类似。由于这一概念在不同领域会有不同的理解与应用,因此要精确地定义韧性并不是一件容易的事。那么,什么是韧性?

我们可以先从字面意思来简单认识它。从语言学角度来说,“韧性”一词起源于拉丁语 resilio,意思是“回到原始状态”。牛津英语辞典对“韧性”的解释有两种:① 回跳和反弹的动作;② 伸缩性。所以,韧性既可表示对象动态的恢复过程,又可表示对象特有的属性、能力。

一、韧性概念的演化

19 世纪中叶,韧性一词被广泛应用于机械学,它描述了材料、柔性金属、塑料等物体在外力作用下发生形变再恢复至初始状态的能力。在工程和建筑领域,韧性通常被称为回弹性,指的是建筑物、桥梁等基础设施在遭受变形后恢复原状的程度。它主要用来描述研究对象吸收或避免损坏而不遭受完全故障的能力,这也是我们对其进行设计、维护和恢复的客观目标。20 世纪 70 年代,韧性表述出现于心理学家埃米·维尔纳(Emmy Werner)对夏威夷考艾岛儿童行为的研究中。心理学家一般将韧性称为“抗逆力”,指个人面对生活逆境、创伤、悲剧、威胁及其他生活重大压力时的心理弹性或者有效应对的能力,是应激与应对的和谐统一。这些早期的韧性定义都具有一个共同点,即基本保持韧性原义,关注系统(如材料、基础设施或个体等)在受到扰动后恢复到平衡状态或稳定状态的能力。霍林(Holling)将此类定义命名为工程韧性。工程韧性以稳定的单一平衡状态为前提,通过测量系统从变化的新状态回到初始平衡态的速度来表征。

随着学界对系统、环境特征及其作用机制认识的深入,传统的工程韧性论逐渐呈现出局限性,它无法解释研究者在非工程领域所发现的与韧性相关的特性。在 1973 年,生态学家霍林首次将工程韧性概念引入生态学领域。受生态系统运行规律的启发,霍林将自然系统和人类系统联系起来考虑韧性本质。他强调韧性不应仅等同于一个生态系统的稳定性,还应该考虑系统抵御永久性退化的持久能力,两者合为生态韧性。其中,持久能力主要通过“系统在改变现有稳定域结构并向另一个稳定域结构跃迁之前,所能够承受和吸收的扰动量级”进行表征与衡量。在这种情况下,生态韧性强调系统不断调整以适应内外部变化的能力,重视系统相互作用的过程、动力机制及系统功能的存在。值得注意的是,生态韧性的前提假设是“系统可以存在多重平衡状态”,这与工程韧性只承认“单一平衡状态”的假设完全不同。同时,生态韧性强调系统持久存续的能力,而不考虑其状态是否改变;工程韧性则要求系统有尽可能小的波动和变化,侧重系统维持单一稳定的能力。2002 年,霍林和冈德森(Gunderson)在他们的著作《扰沌:理解人类和自然系统中的转变》中将韧性概念应用于人类社会系统的进化和发展分析，并将生态韧性概念进一步拓展为社会—生态系统韧性，又称演进韧性。

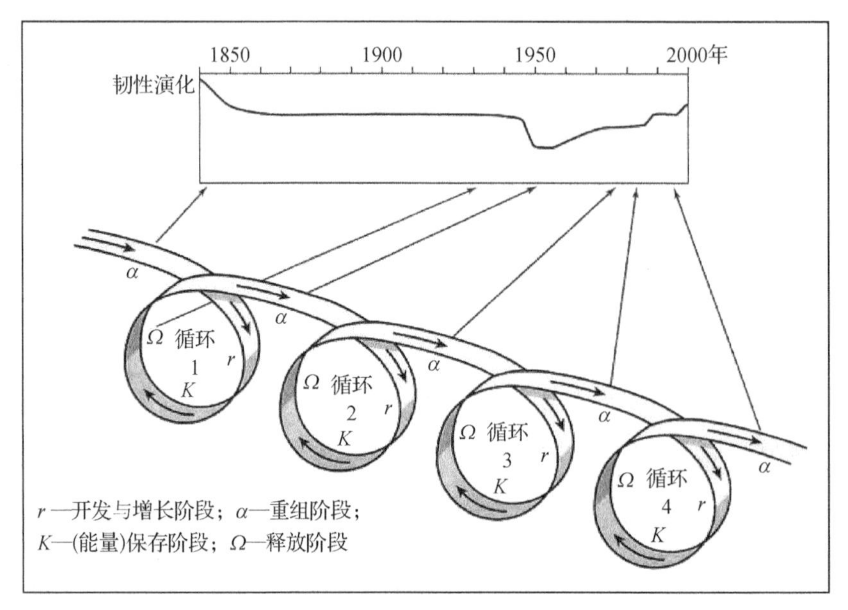

图 2-4　系统在适应性循环中的韧性变化示例(来源：Gunderson，2002)

演进韧性用“适应性循环”来刻画了一个生物系统、生态系统或社会系统在承受并抵御外界压力、外界干扰时不断演进的韧性变化模式，从而继续发挥系统功能与作用的能力(见图 2-4)。佐利(Zolli)和希利(Healy)两位学者在其著作《恢复力》中如此解释“适应性循环”：第一阶段是系统迅速地开发与增长阶段，这个时期的系统相当于幼年期的森林，基础资源被聚集起来，相互之间开始互动、组合。第二阶段是“保存阶段”，实现系统原有状态或能量的保存。这个时期的系统像成熟一些的森林，能够更加高效地锁定和利用资源，但与此同时整个系统也会变得愈加脆弱。第三阶段是“释放阶段”，系统在这一时期通常发生一次故障或崩溃，由此资源被分散。最后一个阶段是“重组阶段”，系统自我调整或重组后开始下一个新的循环。

演进韧性的衡量标准是系统在没有跃迁至新稳定域的情况下可承受的干扰大小。它不再如韧性早期定义那般强调原有状态的恢复，更加关注系统发展多重平衡态的潜力以及系统适应新环境的能力。霍林和冈德森在著作《扰沌：理解人类和自然系统中的转变》中以心脏为例说明了演进韧性的要义(详见专栏 2.3)。

专栏 2.3

关于演进韧性的小例子

我们的心脏跳动是持续一生的。每次跳动时，它都会将含氧血液泵入全身。而心脏的正常工作以及自我恢复功能都需要血压等相关因素的配合。血压代表心脏需要负荷的重量——如果血压低，那么心脏负担就小；反之，心脏负担就大。

发生心肌梗死时，心脏动脉被阻塞，心脏的一部分被剥夺了维持自己生命的血液。不严重的心肌梗死仅杀死部分心肌，因此，尚有足够多的健康心肌维持心脏跳动。这也说明心脏能维持在生态韧性理论所提及的原有"稳定域"内，但它并没有回到工程韧性理论所说的初始"平衡状态"。持续性的心肌梗死会逐渐削弱心脏，降低它承受伤害并进行自我修复的能力。随着心脏泵血功能的减弱，血压会下降，但这种下降并不能减轻心脏的负担。相反，当血压低于一定阈值时，它会引起肾脏的不良反应，肾脏将血压的降低错误地判断为脱水。随后，身体会出现荷尔蒙级联反应，导致动脉受压，并使已经虚弱的心脏更加努力地工作。这最终加剧了心脏的衰竭，它也无法完成自我修复了。

病人受损的心脏进入到一个较虚弱的新状态，说明心脏这个小系统已经跃迁至另一个"稳定域"，这是演进韧性理论所提及的内容。在这个脆弱的新稳定域内，病人需要摄入维持心脏、动脉和肾脏相互关联功能的药物才能重建自己的平衡状态，并让心脏在虚弱的新状态下继续发挥作用。我们明白，心脏虽然还能持续微弱地跳动数小时或数年，但是不可能再回到原来稳定域内的正常状态了。

演进韧性理论中的扰沌可概括心脏的上述"经历"：一旦系统演化超过某个阈值，它就不可能再反弹回原有的稳定域状态。生态系统也是如此。被严重破坏的生态系统可能再也恢复不到原有状态，它只能在退化的新环境中寻找维持自我生长的新平衡态。但是，只要能保持生成的继续，只要可以达到平衡态，那么平衡态的新旧与否、环境的新旧与否其实都是次要的。

佐利和希利给我们讲述演进韧性对应的适应性循环在商业领域中的表现：某创业公司推出一项新产品或服务，市场需求极为旺盛，此为开发阶段。公司通过优化创意和答复削减非营利性因素，使其产品销量增长迅速，这家公司得以挤压其他较小竞争对手，占据大部分市场，获取丰厚利润，此为第二阶段——"保存阶段"。然而，市场上出现了新的竞争对手，凭借新产品在市场站稳了脚跟。而那家创业公司之前造就其成功的最优化配置反倒成为它无法适应市场、跟不上最新市场行情的罪魁祸首，公司由此衰落了，这就是第三个阶段——"释放阶段"。后来，公司原来的资源重回市场，新一轮创业循环又开始了，即我们所说的"重组阶段"。微软在 20 世纪 90 年代面临的互联网兴起，索尼在 21 世纪初面临的来自 iPod(苹果公司出品的一款多媒体播放器)的竞争，为我们提供了理解"适应性循环"的实例。

值得注意的是，在工程韧性和生态韧性理论视角中，外界压力或干扰都扮演了一个负面的角色。但是，演进韧性理论却认为它们是中性的，甚至认为它们提供了新事物诞生与发展的契机。这一点在商业领域的"适应性循环"实例中，得到了深刻反映。演进韧性理论中涉及的扰沌概念表明系统可以在不同状态(或稳定域)中跃迁，由此可寻找其最优状态，并获得提升系统韧性的更多途径与方法。可见，演进韧性理论的关注重点已从“控制系统在稳定状态下的跃迁”转向了“适应跃迁并积极挖掘其正面效能”。这一理论视角的转变对灾害应急管理实践是具有重要意义的。

二、灾害领域中的韧性概念

除了工程和建筑领域、心理学领域、生态学领域，商业领域也对韧性做了研究与拓展，例如，韧性被定义为数据备份和资源储备，当然，我们更关注灾害领域学者们对韧性这一概念的研究。1981年，蒂默曼定义了灾害领域的韧性：韧性是系统或系统的组成部分吸收灾害打击并从中恢复的能力。1998年，澳大利亚应急管理署（Emergency Management Australia，EMA）将韧性定义为系统从故障中恢复运转的速度。蒂默曼和澳大利亚应急管理署对韧性的认知都带有明显的工程学特色，重在强调“恢复”这一基本特质。

布鲁诺(Bruneau)等人在2003年提出了一个关于地震韧性评估的研究框架。该框架从工程减灾的视角出发，将系统韧性分解为鲁棒性、冗余性、丰富性（又称“多样性”）和快速性四个特征。“鲁棒性”即强度，表示系统、系统元件或其他分析单元抵御压力、避免功能退化或损伤的特性。但是韧性并不等同于鲁棒性，例如，很多坚固的建筑物虽然能抵御多数外力的侵袭，但是一旦外力突破其承受范围并造成重大破坏时，它是不可恢复的。“冗余性”是系统、系统元件或其他分析单元可替换的程度。冗余性能保证系统在受到外界侵害时仍然能够正常运转。一个高韧性的系统往往也是高度冗余的。在现实生活中，我们也非常容易找到证明冗余重要性的实例。例如，当我们做好文件备份时，如果电脑遭遇故障，我们就可以很快恢复它。又如，当旅途中车子轮胎被扎破了，那么备用轮胎能让我们摆脱窘境。“丰富性”是对资源量的评定，指现有资源可供系统调配和利用的丰富程度，它决定了系统在受损后通过可支配资源完成自我修复的能力。“快速性”指系统为尽快吸纳损失而表现出的恢复能力，从字面意思即可知其核心特征。

布鲁诺围绕韧性的鲁棒性和快速性设计了地震韧性测量的理论模型（图2-5）。地震韧性测量是以基础设施的系统性能为参考，性能的变化区间为0—100%，100%代表系统没有出现任何失效，0意味着系统功能尽失。假如在T_0时刻发生地震，导致基础设施的系统性能急剧下降，从100%降到20%。此时，20%代表系统性能的维持程度，亦反映了基础设施抵御外界打击的鲁棒性。经过一定时间（T_0-T_1）的适应与重建，基础设施的系统性能得到完全修复，那么，它恢复经历的这段时间即代表快速性。图2-5亦显示基础设施的鲁棒性和快速性都可以通过人类灾前灾后的减灾行为和适应行为进行调整。

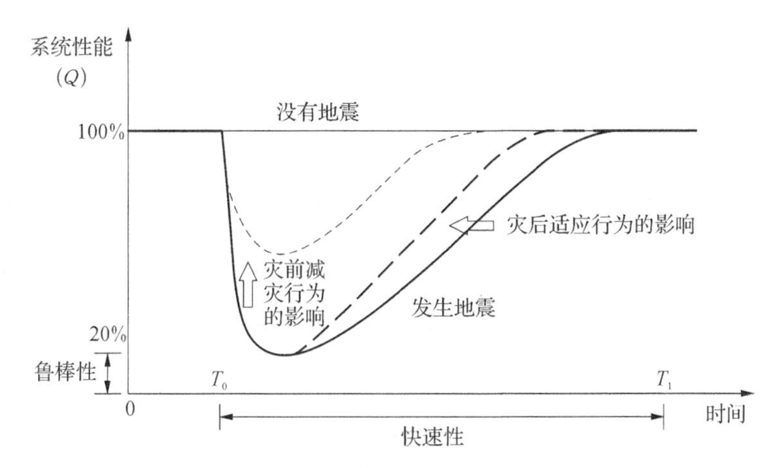

图 2-5　地震韧性测量的二维模型

布鲁诺的工作开启了学界对韧性基本特征的研究，也为之后的韧性定量评估奠定了基础。但是，布鲁诺的韧性研究依然以工程韧性为基础。美国学者路易斯·康佛特(Louise Comfort)对韧性的定义在政策分析和灾害管理方向进行了拓展，她认为韧性是“使现有资源和技能适应新情况和新环境的能力”。对此，我们可以这样展开想象，一次重大灾害或突发事件(如洪水、地震或干旱等)的发生，可能将我们推入一个荒芜、破败或混乱不堪的糟糕的新环境。并且，我们一旦进入新环境后，不可能回到从前，唯一可做的就是直面它，并且利用手头的资源适应它。此时，增强韧性可从两方面入手：一是增强我们的抵御力，从而防止外力将我们挤出所在的熟悉环境；二是维持并扩展我们的适应范围，以便更好地保持适应能力，应对我们越过临界点后出现的新情况。这其实也是对“生态韧性”概念中持久力的推演和具体化。

随着社会学、经济学、城市规划等其他学科学者的加入，以及美国洛克菲勒基金会发起的“全球韧性百城(100 Resilient Cities)”计划，韧性研究进一步向着系统化与多样化发展。社会学学者会关注：怎样增强处于灾害影响中的个体及群体的韧性？怎样将韧性用于社会治理？经济学学者会思考如何衡量经济韧性？如何利用经济韧性思想指导地区产业行为或企业实践？怎样提高地区或企业应对突发事件的综合能力？城市规划学者会考虑灾害来临时，怎样确保城市的基础设施能够维持正常运转？怎样确保城市居民生活无碍？我们发现，无论是理论特征还是评估研究，抑或实践应用研究，韧性在不同学科的研究中趋向复杂，同时又有学科间的交融互促。

三、交织伴生的脆弱性与韧性

在脆弱性研究中，可以发现大部分脆弱性定义都包括韧性的核心特征：适应与恢复。在灾害领域，韧性曾经作为脆弱性的一部分出现。随着学界对韧性理解的加深以及研究视角的多元化，韧性逐渐从脆弱性定义中分离出来。但是，韧性与脆弱性依然具有不可忽视的紧密联系和相似性，以致很多学者至今都无法严格区分两者。虽然严苛的区分没有必要，但是我们可以通过熟悉脆弱性和韧性的关系，对其差异性作一定程度的了解与辨别。

关于脆弱性和韧性的关系，学界有两个经典比喻：硬币式和双螺旋结构。福尔克(Folke)提出，脆弱性和韧性就像同一硬币的两面，具有互反性。如果某一社区脆弱性高，那么它的韧性就低；反之亦然。互反性高度概括了脆弱性和韧性的经验规则。但是，我们在现实生活中也能找到更复杂的反例——有些脆弱性很高的社区，如果没有经历整体崩溃而被迫改变社区原有特征，那么它们也可以表现出高韧性。美国新奥尔良东部的越南社区在2005年卡特丽娜飓风后的表现就是一个很好的例子。越南社区是一个高度脆弱的社区，居民以移民为主，不会说英语，在新环境中的文化、心理和身份融入程度低；同时，经济收入普遍不高，导致他们应对灾害的能力也相对较低。但是，居民依靠社区自身所具有的良好社会资本(如，宗教力量、集体主义、社区归属感等)，使它成为新奥尔良城恢复最快、重建最好的社区之一。另外，我们都知道小岛屿国家或地区深受气候变化和自然灾害影响，并且往往发展落后，对气候变化的适应能力薄弱，所以它们的脆弱性非常高。英国锡利群岛即是此类小岛屿地区。它位于英国西南部，距康沃尔(Cornwall)半岛西南端45千米，主要由5座有人居住岛屿和许多无人定居的小岛组成。2010年，总人口为2 100人。全球气候变化导致它经常受到风暴、水灾和海水侵蚀的影响。但是，这些环境灾害与危机反而促使锡利群岛居民建立起强大的地方认同和归属感。同时，他们自立自救的意识非常强，能高效利用岛屿内部和外部的资源去应对所面临的各种自然灾害。所以说，高度脆弱的锡利群岛居民依靠自身构建并发展的良好社会资本，建立了一个高度韧性的社会。

上文所提的反例帮我们呈现了硬币式比喻的缺陷，也激发了学者们的思考，从而诞生了新的解说——双螺旋结构的比喻。巴克尔(Buckle)等人发文指出，脆弱性和韧性就像一个双螺旋结构，在不同的社会层面和时空尺度中交叉，所以它们是不可分离的，既不能简单视为硬币的正反两面，也不是同一连续体的两端，应该强调两者之间紧密又错综复杂的联系。韧性和脆弱性可以呈正相关性，韧性由低变高的同时，脆弱性也由低变高；韧性和脆弱性亦可呈负相关性，当韧性增加时，脆弱性出现下降趋势。双螺旋结构形象地强调了脆弱性和韧性不可分离的关系。

按照双螺旋结构比喻，理论上我们可以划分成如表2-3所示的九种情况。在此基础上，我们借鉴风险矩阵思想，假设灾害风险是脆弱性与韧性两者的简单叠加组合，那么，可进行风险类型的粗略判断：① 低风险类型，如低脆弱性高韧性社区、中脆弱性高韧性社区、低脆弱性中韧性社区。② 中低风险类型，如高脆弱性高韧性社区、中脆弱性中韧性社区、低脆弱性低韧性社区。③ 中高风险类型，如高脆弱性中韧性社区、中脆弱性低韧性社区。④ 高风险类型，如高脆弱性低韧性社区。

表 2-3 “脆弱性—韧性”二维矩阵表

脆弱性	高	高脆弱性 高韧性	高脆弱性 中韧性	高脆弱性 低韧性
	中	中脆弱性 高韧性	中脆弱性 中韧性	中脆弱性 低韧性
	低	低脆弱性 高韧性	低脆弱性 中韧性	低脆弱性 低韧性
灾害风险		高	中	低
		韧性		

不少学者通过研究展现了现实生活中存在的脆弱性与韧性的不同组合，例如，哈明等人在 2018 年和 2019 年对孟加拉国蒙格拉（Mongla）地区的住户进行了详细的结构化和半结构化访谈研究，利用获取的数据将住户的脆弱性与韧性关系进行量化分类研究。哈明认为，在蒙格拉研究区中，高脆弱性低韧性的住户属于最糟糕的类型，在气候变化中应对能力最低；低脆弱性高韧性的住户是最佳类型，面对气候变化及相关灾害时，受灾程度低且恢复快；低脆弱性低韧性住户属于典型的败家子类型，在气候变化影响下，生活以及应对能力会走下坡路；而高脆弱性高韧性住户属于积极的自力更生类型，有望在未来改变高脆弱性的特征（图 2-6）。

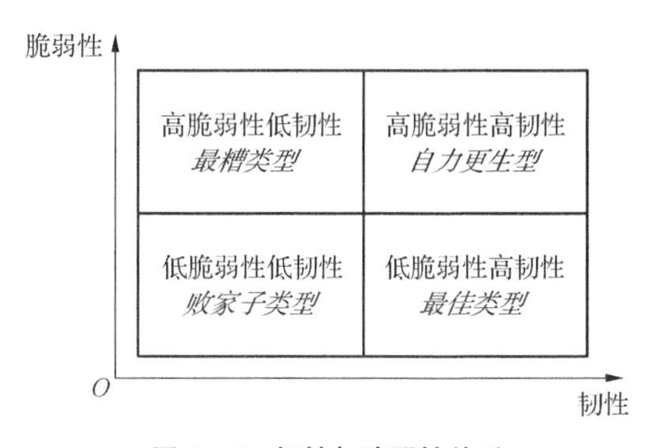

图 2-6 韧性与脆弱性关系

脆弱性和韧性都是灾害系统中承灾体的内在属性，是对系统性能的整体刻画。无论是福尔克的硬币式比喻，还是巴克尔的双螺旋结构比喻，试图从形态上概括脆弱性和韧性互相影响的紧密关系。本书提出的“脆弱性—韧性”二维矩阵以及哈明的“脆弱性—韧性”组合是对两者外在类型的判断。除此之外，我们认为还可以从时间特征上去了解、辨别脆弱性与韧性。从前文对脆弱性理论的介绍中，我们可以发现脆弱性代表承灾体（大至人类社会，小至个体）的与损失相关的属性，这种属性对应于某一特定时刻，例如，布鲁诺的地震韧性测量的二维模型中 T_0—T_1 时间段内的某一时刻 T。而韧性能力的表现是具有时间跨度的，布鲁诺的地震韧性测量的二维模型即清晰地反映了韧性在

T_0—T_1时间段内发挥作用的全过程。霍林和冈德森阐述的演进韧性在适应性循环中的变化也表现出明显的过程性。由此，我们甚至可以对脆弱性与韧性关系做这样的假设——承灾体的韧性水平可以由脆弱性的变化速度来表征。例如，承灾体脆弱性在单位时间内降低得越多，那么它的韧性水平就越高；反之，承灾体脆弱性在单位时间内降低得越少，则韧性水平越低。

这样的假设，正是本书试图通过脆弱性研究，从而在全球高风险困境中找到人类社会韧性发展之路的理论来源。

第三章　脆弱性研究:理论演变与热点主题

第一节　脆弱性理论模型演变

为进一步整合脆弱性的产生原因、探明其形成机制、解构影响要素及其相互作用,学者们基于不同研究视角构建了脆弱性的理论模型。发展至今,具有广泛影响力的理论模型包括"风险—灾害"模型、"压力—释放"模型、"地方—灾害"模型、"人—环境耦合系统"脆弱性框架和BBC脆弱性模型等。

一、"风险—灾害"模型:脆弱性的内嵌

"风险—灾害"(Risk-Hazard)模型侧重了解自然致灾因子对承灾体系统的影响。它将致灾因子视为整个模型的输入端,灾难后果视为输出端。致灾因子因为承灾体暴露于危险环境而触发了它转化为灾难后果的第一张骨牌。第二张骨牌亦即第二个关键因素,是承灾体系统的敏感性,即系统发生不利后果的容易程度,它又被定义为"遭遇—反应"关系。敏感性取决于人口和环境自身具有的条件。例如,敏感性因人口特征(如健康状况、经济地位、社会阶层、家庭结构、职业和种族等)的不同而不同,也会因环境因素(如土壤退化程度、植被破坏程度)的差异而不同。当上述两张骨牌都倒下时,承灾体系统就产生了灾难后果。当这种致灾因子造成的破坏并未真正发生,属于潜在危害时,即为风险。风险是承灾体系统暴露度和敏感性的函数。而脆弱性隐含于承灾体的暴露度、敏感性和灾难后果中,是其伴生属性。图3-1为"风险—灾害"模型的简单示意图。

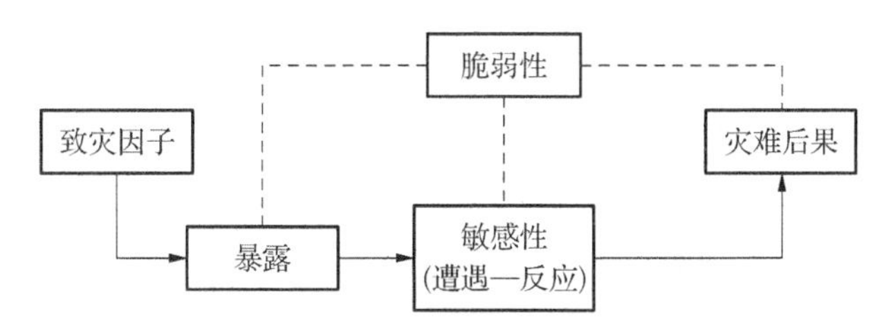

图3-1　"风险—灾害"模型(来源:葛怡,2014)

一方面,"风险—灾害"模型将致灾因子的特性置于核心地位,分析承灾体对致灾因子的暴露度和敏感性,关注的焦点是致灾因子及其最终产生的灾难后果。另一方面,作

为隐藏的伴生属性，脆弱性并未得到关注和重视。因为“风险—灾害”模型认为暴露度在灾害形成过程中占据关键地位，所以在该模型指导下的应急减灾措施主要立足于控制承灾体的暴露程度，例如，强调对致灾因子进行灾前监测、预警，强调开展工程设计以及土地利用规划等。但是，随着怀特、波顿、凯茨等社会学家对灾害风险领域内人类社会因素研究的逐渐深入，他们发现，房屋结构、建筑标准、风险区划，以及人类在洪泛区、海岸带和陡坡等危险环境中的适应行为和定居方式等都会影响脆弱性。这些研究成果证明“风险—灾害”模型以致灾因子、灾难后果和工程措施为研究重点是存在局限性的。

批评者认为，“风险—灾害”模型低估了人类社会对灾害形成的影响。具体而言，它未能描述人们扩大或削弱灾害破坏性的具体途径；忽略了政治、经济尤其是人类社会结构和制度等因素在灾害形成过程中所发挥的重要作用；仅仅关注承灾体系统层面的暴露度和损失，忽视了系统内部不同群体间的暴露差异和损失的不平等性。休伊特在1983年曾发表对“风险—灾害”模型的批判，他认为该模型过于依赖环境决定论的因果关系，将灾害判断为脱离人地互动作用的异常现象，从而导致灾害管理者过度依赖技术工程类减灾措施，而忽略了至关重要的社会经济、社会政治结构及价值观等重要的脆弱性影响因素，以及与此相关的非工程减灾措施。对“风险—灾害”模型的批评引导人们从对致灾事件的关注逐渐转向对人类社会本身的根源性思考。

二、“压力—释放”模型：脆弱性的根源

认识到“风险—灾害”模型的局限性后，布莱基等人提出了“压力—释放”（Pressure and Release）模型（图3-2）。由图可知，“压力—释放”模型左侧通过“根本原因”“动态压力”“不安全环境”三个阶段的压力释放与传递，详细呈现了人类社会灾害脆弱性生成的过程。在此过程中，人们既可以发现压力增大以致脆弱性增加的途径，也可以找到压力降低从而控制脆弱性的途径。模型右侧罗列了水灾、地震、干旱等致灾因子。当左侧脆弱性与右侧致灾因子遭遇、发生相互作用并产生不利后果时，即产生了灾害。作为潜在不利后果的风险即被定义为脆弱性和致灾因子的叠加作用。

“压力—释放”模型中脆弱性产生的第一环是人类社会已有的内在特质，布莱基以“根本原因”来概括，意指“获取的有限性”和“意识形态的缺陷”。前者表现为人们对权力、组织和资源等获取的有限性，后者指政治系统和经济系统中存在的易损性。从“根本原因”的定义中可以发现“压力—释放”模型对脆弱性进行了时间和空间尺度上的“远距离”深挖。根本原因源自深层次的经济、组织或政治权力中心，这体现了空间上的“遥远”；根本原因又存在于过去的历史演变、社会发展与积淀中，这属于时间上的“遥远”；另外，根本原因涉及的“意识形态”“信仰”“社会关系”等在分析脆弱性影响因素时，往往被人忽视，所以亦可归为“感觉上的遥远性”。“根本原因”看似遥远，实则重要，它反映了社会中权力的执行和分配。经济上处于边缘地位的群体（如城市棚户区居民），或者生活在环境高风险区的群体（如干旱或半干旱生态敏感区、地震断裂带、洪泛区、城市低

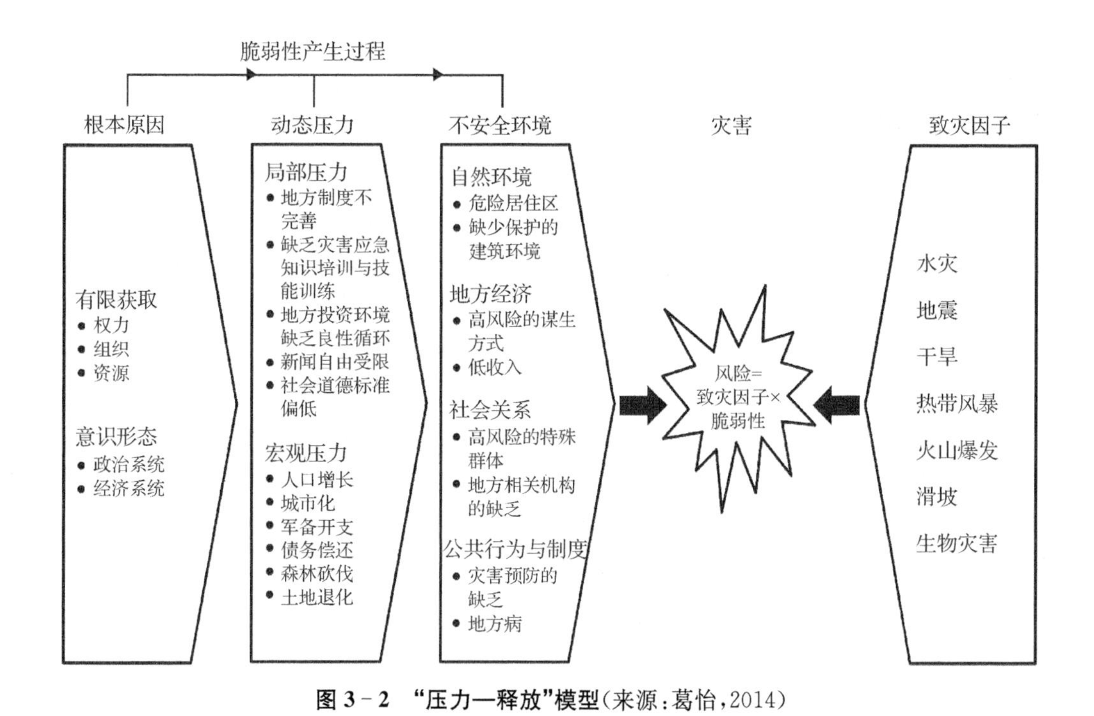

图 3－2　"压力—释放"模型(来源:葛怡,2014)

洼地等),往往也可能位于政治权力执行和分配的边缘区,这进一步生成了三个互相强化的脆弱性来源。

我们可以设想:第一,当处于边缘地位的群体只能获得不安全且没有保障的资源或生活时,他们试图改变窘困现状的行为活动很有可能会产生较高的脆弱性。第二,边缘群体获取资源的不确定性和低可能性,又会使他们更可能错失应对灾害的良机。第三,对于政府应急与风险治理而言,在经济、社会和政治上处于边缘地位的群体容易成为治理的盲点,公共服务的不到位会进一步加剧此类群体的脆弱性。第四,相对而言,边缘群体更容易不自信,更有可能对自身积累的哪怕是正确的灾害防御措施和经验知识失去信心,更容易接受宿命论,从而导致其悲观、消极地应对灾害。

"根本原因"会引发两种类型的动态压力:① 局部压力,也是地方局部内在风险源的产生。例如,地方制度不完善,人员缺乏灾害应急知识培训与技能训练,地方投资环境和资本市场缺乏良性循环,新闻自由受限,社会道德标准偏低等。② 宏观压力,较前者局部压力更为外显,如人口快速增长、城市急速发展、出口猛增等增长型压力,又或者如战争、外债、森林破坏、土地退化等人为与环境负面事件所带来的压力。"动态压力"将隐匿在"根本原因"中的脆弱性传递到"不安全环境"中。值得注意的是,部分"动态压力"隐蔽性强,例如,城市化和出口增加,一方面,它们作为发展象征而具有"美好"的正面形象和积极效应,另一方面,它们又不可否认地增加了当地的环境承载压力和资源供给压力,进而导致灾害脆弱性与风险的增加。

"动态压力"会导致"不安全环境",主要包括自然环境、地方经济、社会关系、公共行为与制度四种类型。① 自然环境的不安全性主要表现为危险的居住区域、未受保护的建筑或基础设施等。② 地方经济不安全性意指当地居民的低收入或高风险的谋生方式，例如，偷猎野生动物的谋生方式通常伴随着高风险和不稳定性；边缘群体卖淫的谋生方式会面临极高的健康风险；农、林、牧、渔等自然资源部门从业者的谋生方式也具有相对更高的风险，因为他们以自然为生，最直接地承受着气候变化的负面影响，尤其是低收入农户，在面临气候高风险的同时，还缺乏抵御灾难及快速恢复的能力。③ 社会关系的不安全性包括特定群体在风险区的暴露、社会制度及相关组织机构的缺乏。④ 公共行为与制度的不安全性则指防灾、备灾公共行为的缺失和与地方疫病流行相关的制度问题。人们原有的生活状况也在一定程度上影响环境的不安全性，例如，人们对有形物质资源（如现金、住所、粮食库存、农业设备等）和无形非物质资源（如关系网络、生存和救助知识、危机应对技术等）的获取情况都会直接改变环境的安全程度。"不安全环境"是脆弱性与致灾因子在时间和空间上交织并共同作用后呈现的具体形式，这为我们针对特定群体绘制空间分布图提供了可能。

"压力—释放"模型以图解的方式描绘了脆弱性的产生过程，详细分析并明确了人类的社会经济活动在其中扮演的重要角色。与"风险—灾害"模型不同，"压力—释放"模型明确指出了脆弱性的存在。值得注意的是，"压力—释放"模型非常适合分析脆弱性在持续时间长、影响范围广的灾害事件中的演变与特征，譬如气候变化、区域性干旱等。这些灾害事件的缓慢致灾特性决定政治经济因素在暴发过程中起着重要作用。这也就决定了"压力—释放"模型不适合指导开展快速的响应和备灾措施，但适用于挖掘深层次的适应性调整措施。"压力—释放"模型的不足之处在于：首先，它偏重人类社会对灾害的影响，将致灾因子与社会过程分离，遗漏了对自然系统的分析，忽略了人地系统的相互作用关系。实际上，自然系统不仅构成了社会经济的背景，而且同时也是社会经济活动框架的一部分，这在利用自然资源发展经济方面表现得最为明显。其次，对"风险—灾害"模型所包含的承灾体系统的反馈作用不够重视。此外，也有学者批评"压力—释放"模型适合开展描述性定性分析，不可用于脆弱性的定量分析。当然，值得肯定的是，"压力—释放"模型确实在脆弱性的社会因素方面提供了深刻、全面的分析框架，为减灾与应急管理提供了理论基础。

三、"地方—灾害"模型：脆弱性的空间视野

卡特认为脆弱性研究应该是建立在地理学、社会学和人类学基础之上的综合学科。她基于这一观点，在 1996 年提出了"地方—灾害"（Hazards of Place）模型。"地方—灾害"模型是体现自然因素与人文因素综合作用于脆弱性的代表。一方面，它将"风险—灾害"模型所关注的自然脆弱性纳入其中，另一方面，它延续"压力—释放"模型注重社会根源分析的传统，将社会脆弱性集成于模型中。需要着重说明的是，在"压力—释放"模型中，布莱基等人将地区作为不安全、脆弱、危险的环境背景，而"地方—灾害"模型倾向于将地域空间视为分析主体，认为它既是人类暴露于灾害不可或缺的场所，也是一个

由多种因素相互联系、相互作用又相互制约的复杂综合系统。由此，开辟了研究特定地域空间脆弱性的先河。

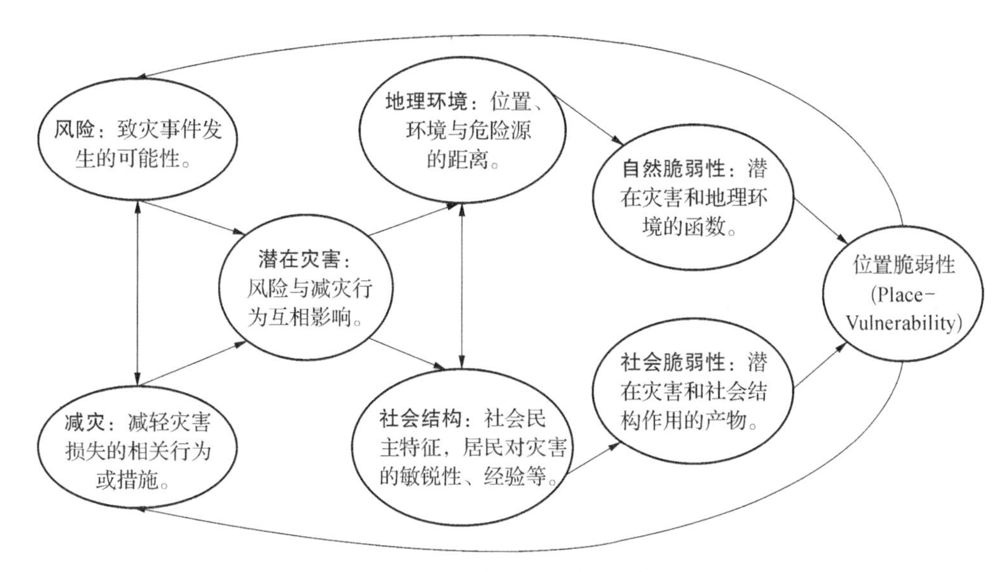

图 3-3　"地方—灾害"模型(来源：卡特，1996)

如图 3-3 所示，左上方圆圈中的"风险"指致灾事件发生的可能性，它涉及以下三部分内容：① 潜在的风险源(如工业污染源、地震断裂带等)。② 致灾因子本身的影响力(高强度或低强度)。③ 致灾因子发生的频率(如 500 年一遇的洪水、2%的阀门破裂概率)。左下方圆圈内的"减灾"是指采取相关行为或措施，用以保护承灾体或增强承灾体的抗灾能力，避免受灾或减少受灾概率，减轻灾害损失程度。以洪水为例，减灾既包括修建水库、堤坝等防洪工程措施的运用，也包括发展洪水预报、洪水预警、洪泛区规划管理、洪水保险等非工程措施。"风险"和"减灾"共同影响右侧中央圆圈中"潜在灾害"的形成：良好的减灾行为与措施可以有效降低风险，遏制潜在灾害的发生；反之，低水准的减灾工作将会放大风险，促成潜在灾害的暴发。"潜在灾害"与右上方圆圈中的"地理环境"相结合，共同形成自然脆弱性的基本属性。此处的"地理环境"指承灾体所处位置、环境与危险源的距离等。"潜在灾害"与右下方圆圈中的"社会结构"相互作用，共同构成社会脆弱性的基本属性。"社会结构"包括社会民主特征、居民对灾害的敏锐性和经验，以及居民对灾害的响应、适应与恢复能力等多个方面。社会脆弱性和自然脆弱性相互关联形成特定地区的"位置脆弱性"。而位置脆弱性又反馈到最初的风险和减灾，影响两者的输入，最终又会作用于位置脆弱性本身。

相对而言，"地方—灾害"模型同时关注"外在的致灾因子"和"隐含的人类社会因素"，所以对社会脆弱性的解释更为综合和全面。同时，该模型为脆弱性研究从传统灾害视角转向空间视角提供了基础，学者们得以借助地理信息系统(GIS)技术对脆弱性展开量化研究。此外，卡特认为，因为对致灾因子强度和影响范围的预测具有不确定性，而致灾因子和社会的交互作用又是动态的，所以灾难不是先验可测量的。当我们将有关风险、致灾因子的预测与人类社会脆弱性的估算相结合时，能够更好地为减灾预警服务。

四、“人—环境耦合系统”脆弱性框架：脆弱性的多尺度性

特纳、卡斯帕森等认为怀特开启了灾害研究中的脆弱性分析，因此，他们将怀特的研究成果以及几十年来脆弱性、恢复力和可持续性研究中取得的成果集成到脆弱性分析框架中，并于 2003 年正式提出“人—环境耦合系统”脆弱性框架（Vulnerability Framework of Coupled Human-Environment System）。该框架描述了脆弱性是如何成为风险以及可持续性范式的一部分，又是如何在不同空间和时间尺度中实现跨尺度变化与迁移的。

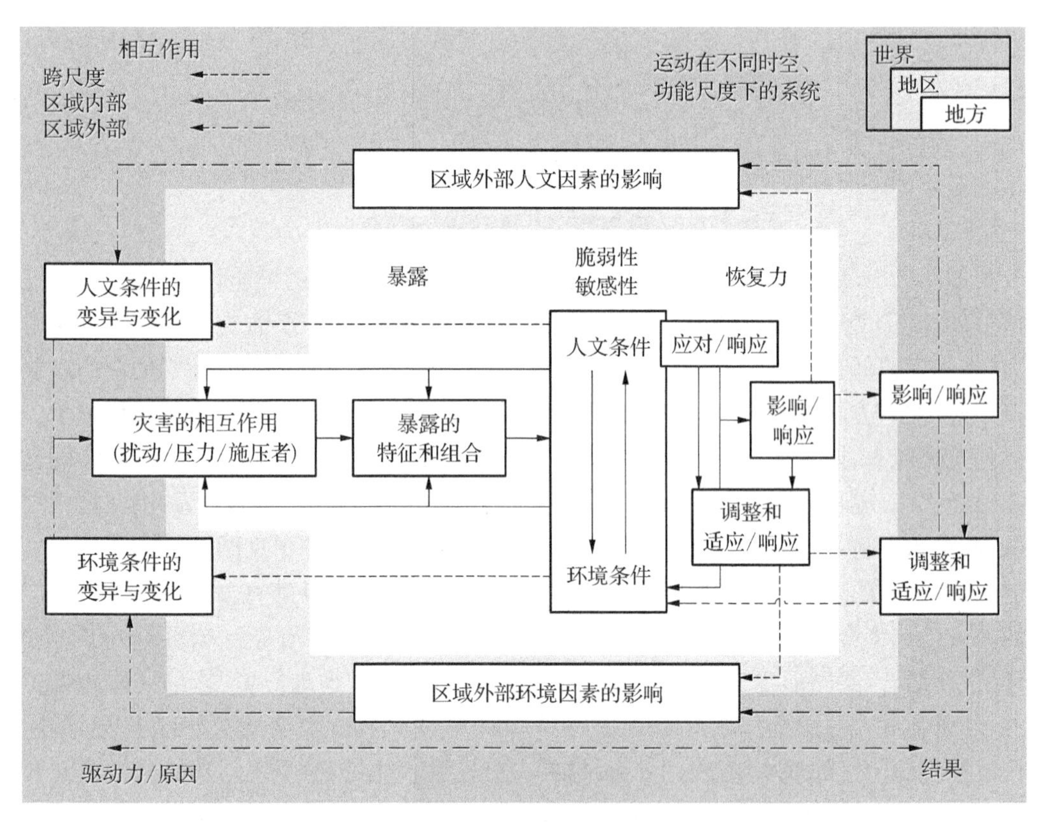

图 3-4 “人—环境耦合系统”脆弱性框架（来源：黄晓军，2014）

如图 3-4 所示，“人—环境耦合系统”脆弱性框架由以下三个部分组成：① 耦合系统中的人文条件与环境条件。② 人文、环境条件及其相互作用过程中面临的扰动或压力。③ 表征耦合系统脆弱性的暴露、敏感性和恢复力。恢复力又包含应对/响应、调整和适应/响应等行为。各组成部分与要素之间的相互作用如箭头所示，嵌入在不同尺度的耦合系统中，例如，地方、地区和世界（图 3-4 右上角）即是三个规模不一的耦合系统。人文—环境条件（例如，自然资本和社会资本）共同决定系统的脆弱性和敏感性，一

方面可影响耦合系统的应对机制,另一方面可反向制约暴露特征及其组合,进而可溯源改变灾害的相互作用。对于系统内部的"人文条件"与"环境条件"彼此具有多种相互影响和反馈的形式,最简单的外显形式可以是个人的自主行为或政策驱动的被动行为,那么我们根据常识即可判断这两类行为都会进一步改变环境条件。"人—环境耦合系统"脆弱性框架还强调了扰动的多重性与多尺度性,图 3－4 中分别标明了区域内部、区域外部和跨尺度的作用路径。总体而言,整个分析框架突出了脆弱性的内因机制、地方特性及其跨尺度转移的过程,对探讨人与环境的相互作用机理具有十分重要的借鉴意义。

事实证明,"人—环境耦合系统"受自然环境、社会系统以及系统内外尺度多种扰动与压力的胁迫,所以对灾害脆弱性(暴露、敏感性和恢复力)的影响非常复杂。同时,在每种情况下,外部政治和经济力量都在重塑系统的应对、响应、调整和适应能力。因此,特纳等人提出的"人—环境耦合系统"脆弱性框架为检查灾害脆弱性提供了良好基础。但是,该分析框架过于宏观与复杂,没有明确区分暴露和敏感性,也没有明确说明脆弱性生成过程的起点和终点,因此,它更适合进行脆弱性的定性分析。

五、BBC 脆弱性模型:脆弱性的时间视野

博加迪(Bogardi)、比克曼(Birkmann)和卡多纳(Cardona)三人依据他们对脆弱性的研究,提出了 BBC 模型,模型名称由三位学者的首字母组成。BBC 模型主要解释说明了在致灾因子至灾害风险的演变过程中,脆弱性所承担的关键的中介作用。并且,通过在分析中纳入时间维度,把脆弱性从静态分析拓展为动态分析。

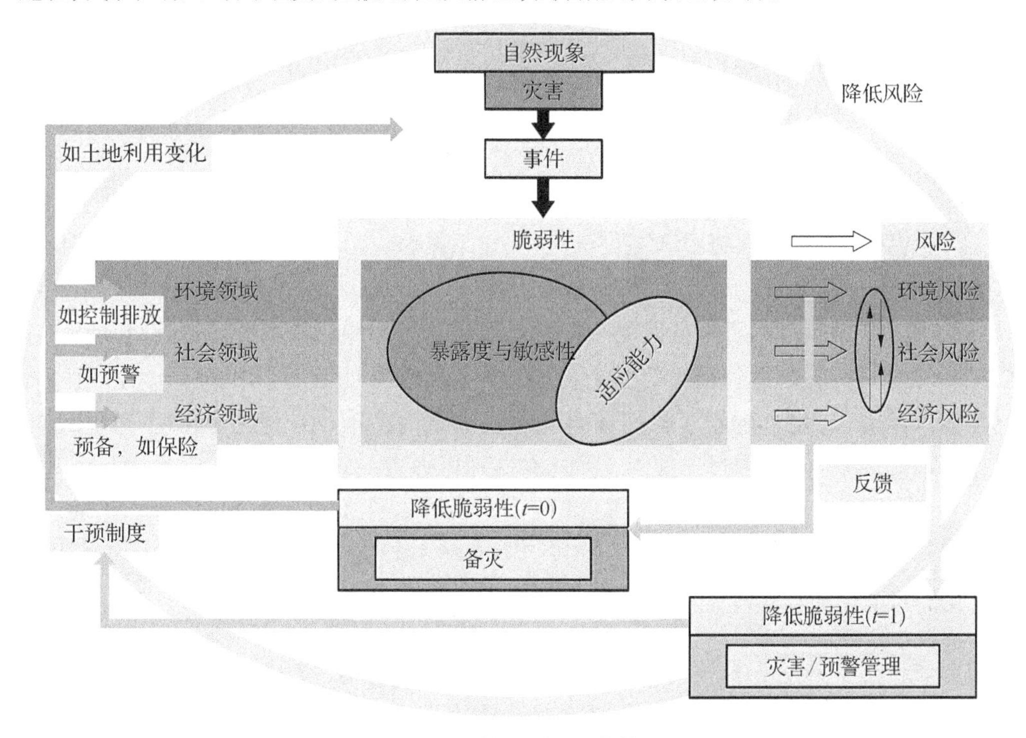

图 3－5　BBC 模型(来源:葛怡,2014)

BBC 概念模型详细结构如图 3-5 所示。首先，一部分自然现象超出正常阈值成为灾害，表现为打击承灾体系统的致灾事件。这个致灾事件的破坏性与系统的脆弱程度相关，具体而言，包含系统的暴露度、敏感性以及适应能力三个部分。这些系统属性根源于环境领域、社会领域和经济领域。如果灾害风险管理者在系统脆弱性变为风险之前（即 $t=0$），就采取了降低系统脆弱性的风险防范措施，例如，在经济领域利用保险转移可能遭遇的经济损失、在社会领域开展早期预警降低民众可能的伤亡、在环境领域采取污染排放控制改变致灾程度等，那么，管理者就能相对有效地阻断致灾因子孕育成灾害风险的通路。如果灾害风险管理者未能在脆弱性发展为风险之前采取及时、有效的风险防范措施，致使系统脆弱性演变为环境、社会和经济风险（即 $t=1$），那么必须采取灾害应急管理措施对系统进行快速干预与调控，以便有效阻断致灾因子的发展，否则便会发生环路最初所示的打击承灾体系统的致灾事件。

BBC 模型具有三大特点：① 与“地方—灾害”模型和“人—环境耦合系统”脆弱性框架一样，BBC 模型关注灾害形成的环境因素，认为环境领域与经济、社会领域属性具有同等地位，它们一方面导致暴露度和脆弱性的变化，另一方面也可以制约人类社会的应对效果。当上述两方面综合表现为脆弱性与灾害事件相遇时，会以环境风险、社会风险和经济风险的形式出现。对环境因子的考虑，使得 BBC 模型可以解释社会脆弱性、人类安全与可持续发展之间的相关性。② BBC 模型把脆弱性放在系统反馈环路中考虑，借助系统反馈环路的设计，把脆弱性从静态分析拓展为动态分析。BBC 模型通过时间维的引入，强调我们需要关注人类社会不断变化的脆弱性及其包含的适应能力和调节能力，尤其需要关注脆弱性未来的发展态势。③ 从“地方—灾害”模型到“人—环境耦合系统”脆弱性框架再到 BBC 模型，可以发现时间维作用的显现。BBC 模型指出降低脆弱性的关键时刻是风险出现前（$t=0$）以及灾害发生前（$t=1$），因此，灾害管理者应该在风险转变为灾难前的这两个重要阶段采取有效措施以降低脆弱性，控制风险。

2013 年，比克曼等人将 BBC 模型进行深化与调整，提出了提升欧盟风险评估技术水平的方法（Methods for the Improvement of Vulnerability Assessment in Europe, MOVE）模型。该模型的目标是提供一个涵盖脆弱性多元特征的概念模型，解释暴露、敏感性、社会响应能力与适应能力等核心因素，并整合脆弱性的不同维度，包括物理、社会、生态、经济、文化和制度。自然灾害脆弱性评估的多准则决策分析模型与 BBC 模型并无本质区别，但表述过于复杂，所以本书不再做进一步解释。

六、脆弱性理论模型的比较与分析

我们对上述脆弱性理论模型的主要特征进行了总结和比较，详见表 3-1。

表 3-1 脆弱性理论模型的特征比较表

		“风险—灾害”模型	“压力—释放”模型	“地方—灾害”模型	“人—环境耦合系统”脆弱性框架	BBC模型
背景特征	致灾因子	—	—	—	—	—
	社会	—	A	—	—	—
	研究对象	√	√	√	√	√
基础设施		√	√	√	—	—
适应性		—	—	√	√	√
时间元素		—	—	√	√	√
多属性		—	√	√	√	√
多尺度		—	√	—	√	—
韧性/恢复力作为脆弱性的一部分		—	—	—	√	—

注:“A”代表模型相对更关注欠发达国家,“—”代表无该项内容,“√”代表包含该项内容。

如表 3-1 所示,上述五大脆弱性理论模型的特征包括下面几方面。① 理论模型预设的背景特征:所有模型都不是针对某一特定致灾因子;除了“压力—释放”模型相对更关注欠发达国家,其他所有模型针对的是一般意义上的区域环境;在研究对象上,所有模型都隐含着个人、家庭或群体等多个层面。② 基础设施:理论模型对关键基础设施作用的关注方面有所不同。“风险—灾害”模型、“压力—释放”模型和“地方—灾害”模型都考虑了基础设施的重要作用。③ 适应性:早期的“风险—灾害”模型只涉及敏感性,“压力—释放”模型亦更多关注人类社会被动承受灾害打击的一面,忽略了人类社会主动应对的能力。出现时间较晚的三个模型在此方面都有了改进:“地方—灾害”模型、“人—环境耦合系统”脆弱性框架和 BBC 模型都关注到了人类社会的适应性。④ 时间元素:“地方—灾害”模型、“人—环境耦合系统”脆弱性框架、BBC 模型基于对人类社会适应过程的考虑,将脆弱性的时间变化与反馈纳入模型设计中。“压力—释放”模型虽然刻画了脆弱性产生的过程,但模型中脆弱性的传递是单向的,不包括灾害事件后人类社会的改变与反馈。⑤ 多属性:除了相对简单的“压力—释放”模型,其他所有模型都包含了脆弱性的多个属性,例如敏感性、适应性、调整性。另外,“地方—灾害”模型、“人—环境耦合系统”脆弱性框架和 BBC 模型还明确分析了人类社会与环境状态之间的联系。⑥ 多尺度:所有模型在处理模型尺度方面(即全球尺度、国家尺度、区域和地方)存在差异。“压力—释放”模型、“地方—灾害”模型和 BBC 模型是单一尺度的,而“压力—释放”模型在分析中隐含了全球、国家和地方尺度,“人—环境耦合系统”脆弱性框架则明确展示了世界、地区和地方三个不同规模的空间尺度。⑦ “人—环境耦合系统”脆弱性框架将恢复力(即韧性)概念明确纳入脆弱性范畴之内。

综上可见,上述脆弱性理论模型存在差异,这反映了研究者对影响脆弱性生成的关键因素及其相互作用关系所进行的不同视角的解读,也决定了每个模型对于脆弱性分析和评估都具有不同的指导意义。因此,脆弱性理论模型的构建或选择需要结合具体的研究背景与问题。回溯脆弱性理论模型的简短发展史,我们可以发现,多数脆弱性模型都将人类生态学思想作为其理论基础,即承认灾害形成是人类与环境相互作用的结果。随着时间的推移,脆弱性的理论模型向着更加详细和复杂的方向发展,纳入了跨尺度效应、动态机制,建立了与韧性、可持续性的联系。然而,当理论模型过于复杂化后,它对脆弱性研究,尤其是定量研究的指导意义反而会受到制约。因此,"风险—灾害"模型、"压力—释放"模型和"地方—灾害"模型虽然没有"人—环境耦合系统"脆弱性框架和 BBC 模型全面,但是它们分别在不同学派的脆弱性研究中占据一定的领导地位,例如,"风险—灾害"模型在自然脆弱性研究、"压力—释放"模型在社会脆弱性研究(尤其是脆弱性定性分析)、"地方—灾害"模型在区域脆弱性研究(尤其是脆弱性定量评估和空间分析)中得到了极其广泛的应用。

第二节　脆弱性热点主题研究

20 世纪 50 年代,美国军方开始资助关于灾难的社会科学调查。研究发现,灾难可以具有积极的社会效应,它极大地减少了阶层之间的冲突,创造了正常时期罕见的和谐与团结。例如,弗里茨(Fritz)在 1961 年开展的调查发现,"文化衍生的歧视和社会差异在灾难中往往被消除了,因为社会中所有群体和阶级都受到一致的、不加区别的影响——危险、损失和痛苦成为普遍的公共现象而不是个体现象"。人们可以看到灾难分配大致遵循着平等的原则,正如贝克在《风险社会》一书中所说的"贫困是等级制的,化学烟雾是民主的"。

关注后危机环境中涌现出来的治疗性或利他性行为是早期灾害社会学研究的一个共同主题。当然,也有研究者意识到,这是一种暂时的,甚至是短暂的应激反应。例如,巴顿(Barton)在其 1970 年出版的著作《灾难中的社区:集体压力状况的社会学分析》中提到"利他分享、相互认同和社会亲密的规范……总是会消失的;否则,灾难会让世界上布满乌托邦社区"。虽然,巴顿和其他学者关注到了灾前的差异性和不平等性会在灾后再次出现,但对灾前灾后存在的差异性和不平等研究并未成为主流。早期的灾害社会学研究还是将焦点放在了灾后出现的上述积极后果上,而社会不平等带来的灾害脆弱性问题在很大程度上被忽视了。

1990 年代以来,灾害社会学家开始关注社会不平等在灾害损失中扮演的角色,著名学者卡特曾经指出,社会脆弱性问题归根结底是社会不平等导致的差异性问题。于是,脆弱性研究领域中出现了围绕群体特征展开的主题研究,例如阶级、性别、种族、年龄等。需要申明的是,阶级、性别与种族特征是欧美学者脆弱性研究的热点主题,并不是我国学者的研究热点(与上述三者相关的灾害脆弱性现象在我国表现并不显著)。

一、热点主题:脆弱性中的性别差异研究

社会结构和文化的复杂性通常会导致男女性的感受、经历和世界观等各不相同,因此,任何社会事件,包括异常形态的灾害事件所带来的不利影响和社会反应都包含着性别差异。事实上,在灾害造成的混乱局势下,人类社会原有的安全和保护机制受到破坏,普遍存在的性别差异会加剧,女性在灾害中的脆弱性更高。根据世界自然保护联盟(International Union for Conservation of Nature,IUCN)的统计,女性和儿童在灾害中死亡的概率是男性的 14 倍。2003 年欧洲热浪中,工业化国家里女性死亡人数比男性多。2005 年,受"卡特里娜"飓风灾害影响的美籍非裔女性比男性多得多。

以下是学者们研究发现的导致女性脆弱性增加的主要因素:

第一,女性固定在家庭照顾的性别角色上,承担比男性更多的家庭责任;

第二,女性经济收入相对更低,更易受灾害影响,经济与生活恢复能力更差;

第三,女性获取权力、机会和资源的途径相对较少,参与决策的机会也相对欠缺;

第四,女性遭遇性暴力(包括家庭暴力)的风险更大;

第五,部分地区女性社会地位较低,并且因为受当地宗教信仰影响,对女性具有严格的流动性限制、社会限制等。

在灾害和气候变化领域,涌现了大量论述女性脆弱性的文献,为证明上述性别影响因素提供了佐证。

(一) 性别角色和家庭责任

在很多国家,女性需要照顾家庭中的老幼病患,承担更多的育儿和家庭责任,这在一定程度上增加了她们的灾害脆弱性。例如,1996 年,莫罗(Morrow)和埃纳森(Enarson)对"安德鲁"飓风后的重灾区佛罗里达戴德县进行了实地调查。两位学者基于参与观察和深度访谈等方法,对当地女性群体的受灾经历进行了全面、细致的研究与分析。研究发现,女性在整个灾害时期承担了比平时更多的照顾家庭的工作。另外,在飓风灾害发生后的数周和数月内,女性又承担了寻求援助的家庭责任。科特戈达(Kottegoda)亦发现,在 2004 年印度洋海啸来袭时,当地妇女之所以选择留在危险区是因为她们要照顾家中不易转移的病人、残疾人、老人和儿童。

(二) 相对更低的经济收入

就全球而言,经济收入的性别差距客观存在。联合国相关文章称,目前女性收入是男性收入的 77%,要弥合这一差距需要 257 年。由此产生的后果之一是世界贫困人口中女性占较大比例。据联合国减少灾害风险办公室数据显示,亚洲地区超过 95%的女性户主家庭生活在贫困线以下。这意味着妇女在自然灾害中受到的负面影响更大,即脆弱性更高。研究者为我们提供了日本、美国、印度以及其他国家的案例。

日本政府的一项研究表明,在 1995 年神户地震期间,女性死亡人数是男性的 1.5

倍。因为许多老年单身女性住在神户的贫困社区，这些社区的建筑物受损更严重，次生火灾发生率更高，所以她们遭遇了比一般社区更强的灾害打击。

莫罗和埃纳森在 1996 年对美国佛州飓风重灾区的调查研究中发现，女性较低的社会经济地位导致其资源匮乏，这导致很多女性户主家庭未能在灾害中及时撤离。另外，与男性相比，当地女性在灾后失去工作的风险更大，这在极大程度上影响了女性的灾后恢复能力。

奥黑尔(O'Hare)经研究发现，在印度戈达瓦里三角洲受飓风影响时，在册种姓(属于低种姓之一)妇女是最脆弱的群体之一。因为她们多数从事着无地的农业劳动，经济收入低，应对灾害的手段和能力非常有限。

另外，诺伊迈尔(Neumayer)等人以紧急灾害数据库为基础，提取了 141 个国家自 1981 至 2002 年的灾害事件样本，研究分析了灾害强度及女性社会经济地位对预期寿命性别差距的影响。结果发现，首先，对于大多数国家来说，自然灾害导致的女性死亡率高于男性，或者女性平均死亡年龄小于男性。由于女性的预期寿命普遍高于男性，因此这意味着自然灾害缩小了预期寿命的性别差距。其次，灾难越严重(根据相对于人口规模的死亡人数来估算)，对预期寿命性别差距的影响就越大。最后，女性的社会经济地位越高，自然灾害对预期寿命性别差距的影响就越弱。可见，女性在社会经济模式中的特定性别脆弱性导致了女性灾害死亡率相对更高。

(三) 更少的资源和机会获取

2009 年，联合国减少灾害风险办公室的全球性调查报告称，与男性相比，女性获得创业技能拓展的机会更少，获得信贷、储蓄、保险或养老金等金融服务和金融产品的能力更弱。在非洲，女性获得的小农信贷不到男性信贷的 10%。许多发展中国家的女性还往往不能获得土地、生产资源或商业经营的所有权或控制权。女性相对欠缺的资源和机会获取意味着她们备灾及灾后恢复的能力相对更弱，因灾致贫的风险也高于男性。

相关学者的研究也证明了这一点，例如，奥尔斯顿(Alston)指出干旱既是自然灾害，也是一种性别体验，换句话说，女性和男性对干旱的经历和反应存在差异。但遗憾的是，澳大利亚的干旱应急与治理政策存在明显的性别盲区：在政府对贫困农户的紧急救助中，女性参与和女性需求往往被忽视，这加剧了女性贫困农户灾后恢复重建的难度，增加了她们的脆弱性。霍顿(Horton)探讨了海地在 2010 年大地震后的性别不平等和转型问题。研究发现，海地女性在灾后恢复重建时期面临的挑战加剧，基于性别的排斥存在于从跨国救助政策形成到救济工作基层实施的各个层面，甚至女性还要为接受援助而承受污名化的后果。

(四) 性暴力的风险更大

性暴力(主要以家庭暴力为主)是脆弱性性别主题研究的重要内容之一。它不会改变灾害本身给女性带来的负面影响,但是它属于灾害带来的间接不利影响,或者可看成具有性别特色的"次生灾害"。我们摘取了部分研究案例,并呈现于下文。

1998年,威尔逊(Wilson)等人发现,由于灾难引起的压力、酗酒、法律和秩序的暂时性崩溃,女性受到的家庭暴力和性暴力会增加。这一结论也被其他学者的研究所证实。例如,费雪(Fisher)对经历2004年印度洋海啸袭击后的斯里兰卡进行定性调查研究。结果表明,在正常时期就存在的性别暴力,在灾害来临后会进一步加剧。阿纳斯塔里奥(Anastario)发现,2005年"卡特里娜"飓风过后,密西西比州流离失所的妇女遭遇性别暴力(主要是伴侣暴力)的概率增加了4倍;同样,舒马赫(Schumacher)等人在对密西西比州最南端23个县445户家庭进行调查研究后,发现"卡特里娜"飓风前后六个月内,报告心理受害的女性比例从灾前的33.6%增加到灾后的45.2%;女性身体受害的报告从4.2%增加到8.3%,增加了将近一倍。此类情况也出现在澳大利亚,例如,2009年澳大利亚黑色星期六森林大火后,帕金森(Parkinson)对维多利亚州两个郡的妇女进行访谈调查,发现火灾后家庭暴力出现峰值。2020年,当新冠疫情席卷全球之后,科夫曼(Kofman)和加芬(Garfin)研究发现,美国因新冠疫情宣布实施居家令后,针对女性的家庭暴力事件在很多地区出现增长趋势。

(五)针对女性的社会限制

与其他因素相比,"社会限制"这一性别因素具有一定的局部性,所以本书不做过多介绍。部分国家或地区对女性的着装规范限制是社会限制的表现之一,而此类限制会影响女性在灾害中采取快速应灾行动的能力。例如,在孟加拉国的农村地区,妇女必须穿着纱丽,这会妨碍她们在灾害来临时快速撤退或者在遭遇洪水时游泳自救。此外,特定的针对女性的流动性限制,也会增加她们的灾害脆弱性。例如,孟加拉国的农村妇女被要求必须留在家中或近亲家中,这一规定一方面会使她们获取灾害预警信息的途径严重受限或完全被阻,另一方面会使她们无法及时、快速地撤离危险环境。

二、热点主题:脆弱性中的种族差异研究

在本书第一章解释实践意义时,曾谈及脆弱性中的种族差异现象。事实证明,与一个国家的主流族裔相比,少数族裔群体受到灾害的影响更大。此类种族差异问题在美国这样的移民国家表现得更为明显,因此相关主题的研究也多集中于美国。实际上,种族和族裔差异是通过文化差异、资源获取不均衡性等多种途径共同作用于个体,从而使其表现出更高的灾害脆弱性。

(一)语言障碍和文化差异

语言障碍是增加不同种族和族裔群体灾害脆弱性差异的重要因素之一。因为语言障碍会阻碍灾害预警信息的顺利传递并增加政府应急救援时的沟通困难。菲利普斯(Phillips)的研究证实了上述观点,他发现1989年美国加州洛马普列塔地震发生之后,

美国联邦应急管理署(Federal Emergency Management Agency，FEMA)因为缺乏足够数量的双语工作人员，直接影响了对少数族裔群体的有效支持与援助。耶尔文顿(Yelvington)同样发现，政府在安德鲁飓风救援时，忽视语言障碍的后果是沟通的失败和种族关系的紧张。例如，在种族高度多样化的地区，仅提供英语的通知导致应急避难所申请人数过少。

即使不同种族和族裔群体掌握了当地的主流语言，文化背景的差异也会带来感知灾害风险的差异，进而影响他们的应灾救灾行为，最终产生不同的灾害脆弱性。早在1980年，特纳等人的研究揭示了白人(盎格鲁人)、黑人和墨西哥裔美国人之间的风险感知差异。与白人相比，黑人对地震的宿命论要严重得多，他们认为几乎没有人可以通过减灾措施来抵御地震灾害；墨西哥裔美国人和白人的宿命感差不多。在1982年，学者林德尔(Lindell)等展开了不同族裔群体对灾害感知与响应行为的差异性研究。他们以拥有大量墨西哥裔美国人的西部小镇菲尔莫尔为研究区，观察不同族裔群体在1978年小镇经历的水灾中表现出的风险感知与应灾行为特征。结果发现，墨西哥裔美国人的风险感知要远低于居住在同一危险区域内的白人，他们比白人更怀疑水灾预警信息，也比白人更不愿采取撤离居住地等应灾保护行动。1997年，布兰查德—博姆(Blanchard-Boehm)的研究发现，黑人对地震损坏房屋的风险感知是不同族裔群体中最高的，但黑人最不可能储备应急物资，而白人比黑人、西班牙裔和亚洲人更有可能开展工程性减灾措施，同时，白人最有可能购买地震保险，而亚洲人最不可能制订地震计划。

(二) 资源获取不均衡性

社会身份和资源获取会影响人们对灾害的反应以及应对灾害的能力。具体而言，人类社会可以看成是由不均衡的社会发展、资源供给和服务分配所塑造出的如马赛克镶嵌的异质性系统，人们以其可获取的社会经济资源数量和可支配的使用方式对灾害作出反应。少数族裔所处的异质性系统与所在地区主流群体的系统存在较为明显的差异性，这导致他们的灾害脆弱性与众不同。我们可以从以下研究成果及实例中窥见一斑。

1992年，福贝尔(Faupel)等人研究发现，少数族裔社区相对较难获得政府提供的灾害教育的机会，这使得这些社区的居民对于灾害防范了解甚少，因而无法妥善应对灾害。

2005年，“卡特里娜”飓风造成近2 000人丧生，数十万居民流离失所。路易斯安那州新奥尔良大都市区的非裔美国人社区，是此次飓风灾害的重灾区，但联邦政府提供的公共服务严重不足。许多人没有获得恢复、重建和返回家园所需的资源，因而被迫离开家乡。“卡特里娜”飓风过后十年，90%的新奥尔良居民返回了他们原来居住的社区，但以黑人为主的下九区只有37%的居民回家。如今，因为缺乏相应资源，居住在新奥尔良的非裔美国人比“卡特里娜”飓风发生前减少了92 000人。埃利奥特(Elliot)和佩斯(Pais)曾在2006年详细探讨“卡特里娜”飓风中的种族和阶级差异，他们发现：飓风前，新奥尔良市非裔美国人的贫穷率是白人的 3 倍;飓风后,在其他条件相同的情况下,来自该市黑人工人失业的可能性是白人工人的 4 倍。当考虑种族收入差异及其影响时,新奥尔良一位拿平均工资的黑人工人失业的可能性是同等薪资待遇白人工人的 7 倍。这种差异对谁能够在重建时返回城市产生了强烈影响。

2012 年,飓风桑迪横扫纽约和新泽西,造成 159 人死亡,财产损失达 700 亿美元。在灾区,低收入人群和有色人种受到的打击最为严重。然而,他们并没有得到政府平等的资源分配。新泽西州的复苏政策和措施有利于白人房主的灾后重建,但对黑人和西班牙裔租房者却非常不利。因此,在此次飓风灾害中,少数族裔的灾害脆弱性明显更高。

2014 年,美国白人家庭的收入和财富比非裔美国家庭高 65%,这一差异可能进一步加剧了不同族裔群体在获取适应气候变化所需资源方面的不平等。例如,在切萨皮克湾的东岸,三个非裔美国人社区因为社会政治方面的孤立而致使其资源获取机会减少,从而不能有效地适应当地频繁发生的水灾,导致其脆弱性高于其他社区。

2017 年,哈维飓风追平 2005 年“卡特里娜”飓风,成为造成美国历史上经济损失最大的自然灾害之一。作为 40 000 名“卡特里娜”飓风幸存者新家园的休斯敦,再次遭遇哈维带来的风暴和洪水。统计发现,在灾后几个月未得到政府恢复重建帮助的西班牙裔和黑人居民比例是白人居民的 2 倍,以事实证明少数族裔存在更高的灾害脆弱性。

虽然少数族裔的脆弱性问题在我国表现不突出,但是我国快速城市化中出现的新移民群体在迁入之初同样会存在一定程度的文化差异、资源获取不均衡性等问题,由此会导致其具有较本地居民更高的灾害脆弱性。上述研究发现及实例为我们展开本土研究提供了有益的参考。

三、热点主题:贫困对脆弱性的影响研究

灾害对人们的影响不是随机或平等的,社会经济因素在灾情演变过程中扮演着重要作用。具体而言,贫困是促成并影响灾害脆弱性的重要因素之一,因为它与资源获取直接相关,而资源获取会影响承受者抵御与应对灾害的能力。无论承受者是国家还是个人,贫困通过影响财产权和获取权来决定资源的分配。一方面,发展中国家经常遭受最严重的灾害损失;另一方面,无论在发展中国家还是在发达国家,低收入群体(即贫困人口)遭受的灾害损失都远高于中高收入群体,而这种不均衡影响又会进一步使低收入群体在灾后变得更加脆弱。本主题主要以美国为例,按照灾前、灾中和灾后三个阶段的分析框架进行阐述。

(一) 灾前:风险感知、备灾和应急疏散

研究表明,低收入群体具有更高的风险感知。1994 年,弗林(Flynn)等人调查了全美 1 275 名白人和 217 名少数族裔,发现社会经济地位较低的人具有更高的风险感知

水平。帕姆(Palm)和卡罗尔(Carroll)在其著作《安全幻觉:文化和地震灾害响应——以加利福尼亚和日本为例》中,也提及低收入群体比高收入群体更担心因地震而失去家园。研究人员推测,出现此类现象的原因可能与贫困者对自己的生活缺乏控制权有关。当然,虽然低收入群体一般具有更高的风险感知,但当他们面临突出的经济问题时,反而会更趋向于否认或最小化危险职业中的慢性风险。可见,低收入群体的高风险感知具有选择性,也具有相对性。

社会经济因素又会影响灾前的备灾水平。特纳等人曾揭示人们在地震前的准备工作随着收入水平的增加而稳步增加。沃恩(Vaughan)就社会经济特征与风险沟通的作用关系展开研究。她指出,生活贫困或资源不足的人不太可能采取规定或必要的行动来减轻灾害带来的不利影响。帕姆和卡罗尔证实了沃恩的研究结论,他们发现收入水平在很大程度上影响了人们是否会采取成本较高的地震备灾措施,例如,加固房屋、购买地震保险等。除了地震,为洪水这一最常见灾种购买保险的风险转移措施也被低收入群体放弃了。这不是因为他们不知道保险的重要作用,而是因为他们负担不起。FEMA 数据显示,在美国佛罗里达,2018 年时依然只有不到 50%的洪水高风险区居民购买了洪水保险。

社会经济因素的影响力同样出现在灾害预警和应急疏散两个阶段。标准的灾害预警在贫困社区往往无法发挥有效作用。例如,孟加拉国经常发生洪水灾害和飓风灾害,所以政府将灾害应急治理的重点从灾后的救援恢复转移到灾前的预警疏散。但是学者博塞(Bose)指出,居住在孟加拉国首都达卡市边缘化社区的低收入群体并不能有保障地获取灾前预警服务,部分原因是政府无法通知到那些没有合法财产或居住权的居民,另外,边缘化社区具有的临时性特征,也影响了政府预警信息的顺利送达。因此,低收入群体在自然和社会双重力量的作用下,变得更为脆弱。

格拉德温(Gladwin)和皮科克(Peacock)曾就安德鲁飓风灾害的应急疏散展开调查,研究结果表明,较高收入群体更有能力也更可能进行灾前撤离。因为他们较少受到交通工具的限制,可选择乘坐私家车、出租车,甚至选择坐飞机离开危险环境,从而及时规避风险。撤离后,他们也有足够的经济资源去负担由撤离行为产生的额外费用,例如,住酒店的费用。此外,较高收入群体居住的社区不太容易发生盗窃、抢劫等次生治安事件,即使发生了此类治安事件,多数较高收入群体拥有盗窃保险服务,所以撤离后的财产安全风险较低,他们也就更愿意选择能够彻底规避灾害风险的撤离措施。然而,对于低收入群体而言,他们所面临的则完全是相反的情况,出现诸如无法承受撤离费用、没有保险帮助转移风险、缺乏方便的撤离交通工具的情况。例如,在安德鲁飓风袭击之前,居住于公共住房的低收入者就只能搭便车甚至步行离开疏散区。

(二) 灾中:灾害打击程度

社会经济地位是影响灾害打击的重要因素。罗西(Rossi)等人统计了 1970—1980 年美国自然灾害造成的损失,研究发现,低收入家庭比富裕家庭遭受更高的灾害伤亡率。这种差异在洪水和地震灾害中表现得尤为突出,其中的高收入群体几乎没有受到任何伤害。1987 年的得克萨斯龙卷风的损失统计亦表明弱势的低收入群体伤亡率更高。同样,在 1995 年 7 月的芝加哥热浪灾害中,因灾遇难者达到 739 名,其中多数为低收入者。福瑟吉尔(Fothergill)和皮克(Peek)发现,贫困人口不仅遭受更高的伤亡率,而且面临心理创伤的可能性也更大。

低收入群体更易受灾害打击的直接原因源自两个方面:危险的外部自然环境和脆弱的内部居所环境。首先,易受洪水侵袭的洪泛区或易受滑坡灾害影响的不稳定山坡,属于危险的边缘地区,然而这些地区因为房价低廉对贫困群体产生了极大的吸引力。因此,现实中的这些高风险非宜居区往往集中了大量贫困群体,但其周边却又缺少必要的保护性城市基础设施,这导致低收入群体比其他群体更容易受到洪水、滑坡灾害的侵袭以及气候变化的影响。其次,低收入群体居住的建筑质量往往较差,这些不安全的廉价房屋使居民暴露在高风险的居所环境中。例如,科梅里奥(Comerio)等人经研究发现,美国加州的中低收入者居住的出租房屋较为陈旧,且多数为无钢筋砌体的建筑物,就建筑结构而言,更容易受到地震和火灾的破坏。另外,部分低收入群体会选择可移动的简易临时房居住。统计发现,几乎 40%的龙卷风死亡事件都发生在移动房屋中,可以说,此类建筑面对龙卷风灾害时是最脆弱、最危险的建筑物类型。综上,低收入群体贫穷的现状与其有限的资源获取交织在一起,两者互相作用的结果表现于空间场域,从而构成了该群体易受灾害打击的根源。

(三) 灾后:救援与恢复重建

资源获取也有时间维度,它是承受者能否从灾害损失中及时、有效恢复的先决条件。研究表明,美国的低收入群体因为缺少及时的资源获取手段,所以他们更可能在临时避难所寻求庇护,而且停留时间也更久;而高收入家庭因为拥有更多的撤退方式和更广泛的社会支持网络,所以较少选择避难所。相关调查发现,穷人是经历灾害紧急撤退后生活最有可能“跌入谷底”的群体之一。

我们知道地震、洪水等自然灾害破坏和摧毁的多为低质量的陈旧老房,而此类房屋一般为低收入群体所居住,这导致该群体在灾后恢复时又得面临搬迁和重建的巨大挑战。科梅里奥等人曾在 1994 年展开了洛马普列塔地震灾后重建的调查。① 研究发现,地震后的住房重建对于低收入灾民来说是一个大问题。研究人员指出,在旧金山被摧毁的房屋中,近 75%为出租房。灾后一年,单户住宅得到了重建,但多户住宅的重建状况比较糟糕,有 90%的房屋无法使用。灾后四年,仍然有 50%的多户住宅未维修或更换。值得关注的是,这些恢复重建缓慢的房屋基本由极低收入、低收入和中等收入租户占用。另外,达什(Dash)等人的研究发现,在安德鲁飓风灾害后,虽然美国政府开设了

① 1989 年 10 月 17 日,美国加利福尼亚北部发生洛马普列塔地震,地震烈度达到 6.9 级,导致 62 人死亡、3 757 人受伤。

灾害援助中心，但救援资源在分配中也存在不平等性。事实证明，由于申请困难，大量损失惨重、最需要帮助的低收入群体获得的搬迁救济反而很少。

恢复重建中的不平等性现象同样出现在 2005 年的“卡特里娜”飓风灾害后期。佐塔雷利(Zottarelli)在 2005 年 9 月至 10 月以及 2006 年 8 月，分别对“卡特里娜”飓风灾民进行灾后就业恢复的调查。研究发现，拥有房屋所有权的灾民更容易恢复就业，并达到原有生活水平，并且这种优势在灾后短时间内表现得更为突出。同时，灾民收入的高低也与就业复苏状况呈明显的正相关关系。在恢复重建中，我们一般强调有韧性的改进与提升，而不是对原有模式的机械照搬，否则灾后恢复重建后依然会面临同样的高风险。但是这一理想目标的实现并非易事。王(Wang)等人基于新奥尔良市 2000—2010 年的人口数据进行了空间回归分析，分析结果表明在“卡特里娜”飓风后，为解决就业和恢复原有生活秩序的低收入群体(主要为西班牙裔人口)再次涌入灾区定居，这种非宜居区内低收入群体的再生现象意味着该群体在恢复重建中又一次陷入原有模式，将自己暴露在了高度危险的环境中。

四、热点主题:老年脆弱性研究

年龄会影响人们的灾难经历，老年人和儿童通常被认为在灾害等突发事件中具有更高的脆弱性，更有可能受到灾害的打击。其中，相对儿童而言，老年群体受到灾害的直接影响和间接影响更甚；与同为成年人的年轻人相比，老年人在灾难发生时又具有更多的生理、心理和社会需求，需要更多的时间才能从灾难中得到有效恢复。但事实上，老年人往往又缺少适宜的应急计划和良好的保障措施，依赖公共交通资源和医疗资源，部分老年人还缺少家庭及社会支持等。老年人原有的高脆弱性在全球人口老龄化的推动下，正转变为可能影响社会可持续发展的潜在压力。《世界人口展望:2019 年修订版》的数据显示，2018 年，全球 65 岁及以上人口史无前例地超过了 5 岁以下人口数量。到 2050 年，全世界每 6 人中就有 1 人年龄在 65 岁及以上，在欧洲和北美，每 4 人中就有 1 人年龄在 65 岁及以上。预计 80 岁及以上人口将增长两倍，从 2019 年的 1.43 亿增至 2050 年的 4.26 亿。

全球老龄化压力促使老年人的灾害脆弱性得到了更多关注。老年人灾害脆弱性研究始于 20 世纪 60 年代，但至今仍然是一个小众的研究方向。现有的老年人脆弱性研究聚焦以下三大问题。

问题一:哪些老年人受灾害影响更严重？研究人员基于一般群体的脆弱性分析框架，观察年龄、性别、健康状况、收入、教育等灾前既有因素对老年人脆弱性扩大或减少的作用路径。

问题二:灾后老年人经历了什么？研究普遍发现，灾后老年人会面临更高的健康恶化风险，会出现严重的心理创伤问题，还会经历住房、饮食、经济和社会支持等多方面的问题。

问题三:怎样提高老年人应对灾害的能力？此类研究从不同的角度，针对老年人脆弱性影响因素，提出降低脆弱性的改进措施，如鼓励老年人加强身体锻炼，提高自身社会参与，创建“老年人友好社会”等。

三大问题中，问题一是基础，因此我们将对年龄、健康状况、性别、居住方式、收入和教育这六个影响老年人脆弱性的因素进行详细解释。

（一）年龄

随着年龄的增长，老年人的身体机能和认知能力下降，行动能力往往受到限制，这导致他们在灾害发生后无法或难以及时疏散与逃生。研究人员不断证实年龄这一要素在脆弱性中扮演的关键作用。1983 年，伯林和克莱诺（Klenow）在龙卷风灾害应对与年龄分层关系的研究中指出，老年人受伤率几乎是年轻人的两倍，老年家庭与龙卷风相关的死亡率是年轻家庭的四倍。1996 年，谷田（Tanida）发现日本神户 60 岁及以上的老年人虽然占比不到 20%，但 1995 年神户地震中一半以上的死亡人数都源于该群体，并且地震后老年人的发病率和死亡率也有升高的趋势。据统计，2005 年，美国“卡特里娜”飓风造成的千人遇难者中，几乎有一半是 75 岁及以上的老年人。之后一年，因灾死亡的 60 岁及以上老年人占了死亡人口的 75%。2008 年我国汶川地震中，65 岁及以上的受灾老人超过了 350 万人，其中需要紧急安置的老年人至少有 100 万人，地震中失去亲人的孤寡老年人约有 3 万人。2012 年桑迪飓风造成的死难者中也有一半为 65 岁及以上的老年人。

老年人口对温度升高更敏感、更易受到高温热浪灾害的影响，这是世界各地都存在的普遍现象。1995 年 7 月，超过 700 名美国芝加哥居民在短暂但毁灭性的热浪中丧生，其中大多数人年老体衰。研究发现，在加州，每日平均表观温度升高 10℉，就会导致老年人非意外死亡率增加。在拉丁美洲，当比较日平均表观温度在最高温度的第 75 个百分位数和第 95 个百分位数时，观察到 65 岁及以上人口的死亡率增加。来自南欧的研究也证明当夏季最高和最低温度升高 1℃时，西班牙 65 岁及以上老年人口的热浪死亡率会增加。在北欧瑞典的不同地区，当温度升高到夏季温度的 90%以上时，老年人的热相关死亡率显著且持续增加。统计发现，对于 65 岁及以上的上海老年人口，男性和女性的死亡人数随着平均气温升高超过阈值而增加。在孟加拉国，随着温度升高到热阈值以上，老年人的死亡率增加了 108%。除了高温热浪灾害，在全球范围内蔓延的新冠病毒感染也对老年人的生命健康产生更大威胁，来自不同国家的死亡率数据证实，老年人比年轻人更容易受到疫情的影响。

单就年龄而言，老年人依然是一个可细分的异质亚群：低龄（65—74 岁）老年人、中龄（75—84 岁）老年人和高龄老年人（85 岁及以上）的脆弱性依次增高。例如，1989 年，卡特等人对加拿大安大略省受龙卷风影响而产生的伤亡情况进行病例对照研究，结果表明“70 岁以上年龄”可视为严重伤害或死亡的特定危险因素。斯基法诺（Schifano）等人于 2005 年至 2007 年跟踪调查了罗马 651 195 名 65 岁及以上居民的热浪死亡风险。研究人员将居民分成 65—74 岁和 75 岁及以上两个年龄组，分别进行相对死亡风险的计算。结果证实，样本中75岁及以上的老年人是对高温更脆弱的群体之一。2011年，奥丁·奥斯特伦(Oudin Åström)等人选择巴塞罗那、巴伦西亚、布达佩斯、都柏林、卢布尔雅那、伦敦、米兰、巴黎、罗马、斯德哥尔摩、都灵和苏黎世共12个欧洲城市进行最高表观温度的汇总效应估计。研究发现，当温度升高并超过最高温度的第90个百分位，会增加75岁及以上年龄组的呼吸系统疾病的入院率，但在65—74岁人群中仅观察到轻微影响甚至没有影响。2021年，佩特科娃(Petkova)等人对保加利亚极端冷热天气下老年人的死亡率展开研究，结果同样反映了85岁及以上老年人的总死亡率高于65—84岁的中低龄老年人。当然，年龄并不是影响脆弱性的唯一变量，高龄老年人健康强壮，而低龄老年人带病生存的反例也是客观存在的现象。

(二) 健康状况

与高龄密切相关的脆弱性影响因素之一是身体的健康状况。如高龄相伴的慢性病和退行性疾病的高发病率、疾病或残疾导致的行动受限、对医疗设备的依赖等。据统计，大约有80%的老年人患有至少一种慢性疾病，这使得他们在灾害中比健康人更容易受到伤害与影响。同时，慢性疾病经常导致老年人身体残疾或日常行动能力下降，而这些身体、感官或认知方面的障碍大大削弱了老年人应急疏散的能力。汉默(Handmer)等人就曾发现在2009年澳大利亚的维多利亚森林火灾中超过44%的遇难者是老年人、残疾人或儿童，其中又有9%为患有慢性残疾的老年人。关于澳大利亚的另一项研究发现，在热浪灾害暴发期间，患有精神和行为障碍的65—74岁患者的入院率有所增加，在阿德莱德市还出现精神和行为障碍老年人死亡率增加的现象。周(Chau)等人经研究证实，听觉和视觉上的障碍会降低老年人在灾害发生前后获取预警信息的能力，从而造成该类老年人的脆弱性增加。

(三) 性别

性别差异在老年人应对灾害时同样存在。例如，弗兰肯贝格(Frankenberg)等人利用二次数据，对2004年印度洋海啸前后印尼的亚齐和北苏门答腊的受灾人口进行分析。研究发现，海啸中老年人、女性和儿童的死亡率高于15—44岁的男性，而其中的老年妇女是最脆弱的人群，因为她们身体虚弱，不能快速逃离危险区域。

气候变化导致的高温热浪是目前很多学者研究性别差异的“主战场”，这一主题的多数研究证实老年男性和女性都会表现出对高温热浪灾害的高死亡率，但总体而言，老年女性比男性更容易受到高温热浪的影响。奥丁·奥斯特伦和斯蒂恩(Steen)曾分别利用文献分析法就高温热浪灾害的性别差异问题展开研究分析。前者以2008年1月至2010年12月的PubMed数据库论文为研究对象，后者对2000年1月至2016年12月发表在PubMed和收录在Web of Science数据库中的论文进行研究。他们的研究结论包括：① 在欧洲，面对高温热浪天气，老年女性比老年男性具有更高的死亡风险，并且随着年龄的增加，这种性别差异表现得更为明显。在9个地中海城市(雅典、巴塞罗那、布达佩斯、伦敦、米兰、慕尼黑、巴黎、罗马、瓦伦西亚)中,75—84 岁的女性在热浪期间的脆弱状况明显更甚于同年龄段男性。② 在澳大利亚,与男性相比,75 岁及以上女性面临的高温热浪风险更高。③ 在上海,老年女性在高温热浪灾害中也表现出高于老年男性的脆弱性。

(四)居住方式

无论是在发展中国家还是在发达国家,社会的现代化发展必然伴随着城镇化进程。在各国的发展过程中,老年人在居住方式上出现了独居化和空巢化的趋势,这样的居住方式也逐渐成为影响其灾害脆弱性的关键因素。当前,学界的研究重点是关注独居或居住在养老机构的老年人。

独居,会增加老年人社会孤立的风险,可能导致老年人较差的身心健康,并增加他们在紧急情况下逃生和后期恢复的困难。在对意大利和中国老年人热浪脆弱性研究中,研究人员发现,独居会增加老年人在热浪期间的死亡风险,而此类高风险的产生主要源于独居老人的身体恢复与适应困难。独居老人在诸如火灾等常见突发灾害中也具有高死亡风险,这主要源于老年人在突发紧急情况下的逃生困难。费尔南德斯(Fernández)等人的一项案例研究为此提供了有力佐证。研究人员收集了 2016 年全年的西班牙住宅火灾数据,包括火灾事件、伤亡率和住宅类型等相关变量,用于评估老年人口的火灾风险。研究确定,西班牙 68%的致命住宅火灾都始于至少有一名老人居住的住宅。老年人尤其是 85 岁及以上的老年人,比年轻人更容易在住宅火灾中丧生。因此,西班牙老年人口比例最高的自治区是每百万人口住宅火灾中伤亡率最高的自治区。值得注意的是,火灾发生时,76%的老年遇难者是无人看护的,其中 58%的老年人独自在家,38%的人有身体或认知障碍。85 岁及以上高龄老人在起火时,93%无人看护,其中 70%处于独居状态。这是因为许多老年人行动不便,致使他们成功逃离火灾现场的能力急剧下降,而当他们独自生活时,获得他人帮助的可能性几乎为零。

居住在疗养院(或养老院①)的老年人虽然比独居老人容易获得他人帮助,但他们也具有较高的灾害脆弱性。一方面是因为养老结构的老年人大多身体虚弱、残疾或卧床不起,另一方面在于疗养院等机构在灾害来袭时并不具备足够的应对能力,例如,疗养机构缺少人手或缺乏特定交通工具来及时疏散机构内行动受限的老人。据统计,2005 年"卡特里娜"飓风袭击新奥尔良后,当地仅有不到 60%的疗养机构成功疏散了老年患者。又因为沟通不畅和交通工具有限,多数疗养院管理者做出了错误的疏散决策,致使新奥尔良的疗养院有 150 多名老人因此而丧生。2011 年艾琳飓风发生时,相关部门为疏散低洼高风险区的 40 多家疗养院和成人收容所的老人花费了数百万美元。这相对巨额的支出导致地方官员在面对 2012 年桑迪飓风时放弃了疏散相关机构老年患

① 外文文献的养老机构为疗养院(nursing home),中文文献的养老机构指养老院。

者的行动。此次飓风造成皇后区和布鲁克林区至少 29 家疗养机构严重淹水，超过 4 000名疗养院居民和 1 500 名成人收容所居民在黑暗和寒冷中至少坐等三天之后，才被送至阿伯尼拥挤且设备不良的避难所和住所中暂住。2020 年，新冠疫情暴发后，许多国家的疗养院依然存在防护设备不足、医护人员短缺等诸多问题，疗养院老年患者因此出现了互相感染的糟糕情况。

（五）收入

对于老年人来说，收入影响他们资源获取与应急备灾的能力。例如，低收入老年人可能买不起燃料、食物或衣服，因而无法应对极端低温天气；也可能没有能力购买空调来应对极端高温天气。1979 年，美国一场大规模热浪灾害夺去了几千名老年人的生命，而造成这场悲剧的原因是这些老年人非常贫穷，买不起空调，也无法通过去凉爽地区度假来躲避热浪。类似的情况亦出现在 1995 年芝加哥热浪、2003 年欧洲热浪和 2021 年加拿大热浪灾害中。老年人灾后恢复的能力也会受到经济收入的影响。贫穷的老年人往往无法获得包括住宿或交通工具等灾后恢复的必备资源。康德赫拉(Khandlhela)和梅(May)曾经以南非林波波省两个贫困社区为例，对社区居民在经历洪水之后的家庭脆弱性进行调查分析。研究发现，那些老年人为户主的大家庭表现得尤为脆弱，并且灾后 5 个月都未能恢复正常生活。更糟糕的是，低收入老年人大多居住在灾害多发的高风险地区，再次增加了他们遭受高比例伤亡和经济损失的可能性。考克斯(Cox)和金姆(Kim)曾于 2018 年从统计学角度对老年人备灾能力的收入差异因素展开研究。他们抽取了 1 711 名 51 岁及以上的老年人进行问卷调查，通过普通最小二乘法(Ordinary Least Square，OLS)进行回归分析。结果证实，收入较低的老年人备灾水平低于收入较高的老年人。此外，当灾害没有对老年人生命或健康造成伤害时，贫困老年群体往往得不到应有的社会关注与社会援助，从而成为应急救援中被忽略的“盲区”。

（六）教育

老年人的受教育水平是影响他们灾前准备、灾中反应、灾后恢复重建能力的重要因素之一。一般而言，受教育程度较低的人因为获得收入与必要资源的能力与机会更少，所以往往更容易受到灾害的伤害，这一规律同样适用于老年群体。当老年人社会性的交往逐渐减少，逐渐退出社会生活圈时，他们的受教育水平将对老年人的自学能力产生重要作用，两者呈正相关。受教育水平决定着老年人在灾前了解预防措施、预警信息以及使用紧急求助热线的情况，也制约着他们在灾后恢复重建阶段与政府部门、保险公司等相关机构沟通、谈判的顺利程度，进而影响他们获得灾后救援补偿物资的可能性。金姆(Kim)和扎库尔(Zakour)曾在 2017 年针对 719 名 55 岁以上的老年人开展了一项备灾状况的定量研究。统计结果证实，受教育程度和经济收入较低者在准备应灾物资方面的程度和能力都相对欠缺。

综上，年龄、健康状况、性别、居住方式、收入和教育六大影响因素以各自独有的方式改变着老年群体的脆弱性，表 3 - 2 总结并呈现了相关结论。

表 3 - 2 老年人脆弱性的影响因素及其作用方式

影响因素	作用方式
年龄	年龄越大，脆弱性越高
健康状况	身体健康状况越差（如患慢性疾病、残疾），脆弱性越高
性别	女性脆弱性高于男性
居住方式	独居、居住在疗养院或养老院，脆弱性高
收入	经济收入越低，脆弱性越高
教育	教育水平越低，脆弱性越高

具体而言，研究人员达成的基本共识是：岁数越大的老年人，面对灾害的脆弱性越高；老年女性一般比男性更易受到灾害的不利影响；健康状况差的老年人，脆弱性相对更高；独居或居住于养老机构的老年人因为自身原因（如身体健康欠佳、行动不便等）和机构原因（如缺少照护人员、交通资源受限等）的共同作用而具有了更高的灾害脆弱性；经济收入越低的老年人，以及教育程度越低的老年人，都会受限于应灾物资和必要资源的获取，因此这两类群体的脆弱性相对更高。

第四章　灾害社会脆弱性研究方法

2022年2月28日，联合国政府间气候变化专门委员会（IPCC）发布第六次评估报告的第二工作组报告《气候变化2022：影响、适应和脆弱性》。报告指出，人为造成的气候变化正给自然界造成危险而广泛的损害，全球大约有33亿至36亿人生活在气候变化高脆弱环境中。未来多种气候变化风险将进一步加剧，跨行业、跨区域的复合型气候变化风险将增多且更加难以管理。除了自然气候变率外，越来越多的损失都与人类活动引起的极端事件相关。气候风险的等级取决于温升水平、脆弱性、暴露度、社会经济发展水平和适应措施。在此形势下，以“探察人类社会薄弱点和主动适应性”为主要目标的脆弱性研究的价值与意义凸显。比克曼指出，“识别和测量脆弱性是实现韧性社会的第一步，也许也是最重要的一步”。

如前文所述，灾害脆弱性不仅与环境、社会、政治、经济和制度等因素有关，而且与时间和空间相联系。对这样一个内涵多样化、外延复杂化的概念进行分析并展开研究是极具挑战的，也必然需要借助多学科方法。自然灾害脆弱性研究自发展之初至今，多数研究者运用定性方法对其进行认知与探察，以了解脆弱性在特定环境下的作用机制与过程。但是，评估灾害对社会、经济和环境受体的不同影响，并将结果传递给风险决策者、管理者和公众（尤其是风险受众），整个过程需要依靠定量方法来完成。此类脆弱性定量研究一般通过分析与挖掘统计数据或地理空间数据来实现。本章内容以社会脆弱性为例，围绕定性研究和定量研究两个方面展开介绍与说明。

第一节　社会脆弱性定性研究

社会脆弱性研究是灾害研究的一部分，大多数灾害学者将塞缪尔·普林斯（Samuel Prince）就哈利法克斯爆炸（Halifax Explosion）所开展的调查视为第一项灾害研究。普林斯运用定性资料对爆炸事件进行了经验研究，这样的灾害研究模式延续至今，也影响了社会脆弱性研究。

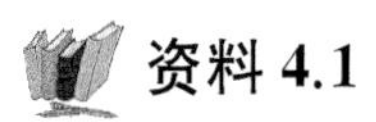

资料 4.1

哈利法克斯爆炸

1917 年 12 月 6 日，在加拿大新斯科舍省的哈利法克斯(Halifax)，一艘法国货船“蒙特·布兰克号”(*SS Mont-Blanc*)与一艘比利时救济委员会租用的挪威船舶“伊莫号”(*SS Imo*)在连接哈利法克斯港与贝德福德洼地的海峡相撞。撞击发生 10 分钟后，满载 TNT 炸药、苦味酸、苯和棉火药的“蒙特·布兰克号”发生大火，并于第 25 分钟发生爆炸。

爆炸释放了大约 2.9 千吨 TNT 的等效能量，造成大约 2 000 人死亡，约 9 000 人受伤，另有 2 万多人无家可归。在“蒙特·布兰克号”周边半径 800 米范围内，几乎所有建筑物都被摧毁。爆炸产生的冲击波折断树木、折弯铁轨、摧毁建筑物、搁浅船只，将“伊莫号”冲上岸，并将“蒙特·布兰克号”的碎片带到几公里之外，同时还引发了海啸。爆炸加海啸重创了哈利法克斯的里士满社区，使得海港对面的达特茅斯市遭受严重破坏，还摧毁了哈利法克斯东部的原住民社区。

哈利法克斯爆炸是 1945 年广岛原子弹爆炸之前最大的人为爆炸，也是迄今为止最大的非战争人为爆炸。

（资料来源：梁茂春.灾害社会学[M].广州：暨南大学出版社，2012.）

在整个灾害定性研究的发展历程中，学者们不断地从相近学科中寻找适宜的方法加以借鉴和应用。其中，人类学贡献最大，它为灾害研究(包括脆弱性研究)提供了最强有力的支持，社会学、政治学和心理学等学科也提供了思想和方法上的有效支撑。例如，20 世纪 30 年代和 40 年代，从社会学领域芝加哥学派引入的田野调查(又称实地研究)是灾害学研究的传统方式。在灾害研究中，应用定性方法并不执着于追求代表性，而是希望展现自下而上的研究优势。学者们通过定性方法获取被访者的具体观点后，可以重建人们在灾害中的体验和理解，从而加深对灾害形成与演变过程中社会脆弱性因素的理解，或者由此进行脆弱性因素的筛选与补充。

我们依据鲁法特(Rufat)等人对水灾社会脆弱性个案研究的整理，再以我们收集的资料为补充，归纳得到社会脆弱性定性研究中的常用方法及对应的研究结论(表 4－1)。

表 4－1　社会脆弱性定性研究的常用方法示例

研究者	致灾事件	研究方法	研究内容与结论
德马尔基(De Marchi)和斯科洛比格(Scolobig)	2000 年、2002 年意大利水灾	两位学者在 2005—2006 年开展田野调查，通过参与式观察、焦点小组访谈(4 组)，面对面采访 400 名居民及专家来调查他们对风险和安全的看法	社会脆弱性是个人脆弱性和制度脆弱性的结合，态度、信仰和价值观是塑造脆弱性的重要因素
斯坦福尔(Steinführer)和库利克(Kuhlicke)	2002 年德国水灾	两位学者对 30 位被访者进行访谈，并对 404 位被访者进行问卷调查	特定群体的脆弱性由多种影响因素共同决定，并且没有一个群体在所有因素中都表现出脆弱特征

续 表

研究者	致灾事件	研究方法	研究内容与结论
伯德(Bird)等	2004年印度洋海啸、2006年爪哇海啸、2009年南太平洋海啸	2004年印度洋海啸和2006年爪哇海啸使用视频访谈,2009年南太平洋海啸使用问卷调查,对灾前、灾中和灾后幸存者的响应行为进行研究	媒体、教育和政府的财政支持有利于提高居民的响应水平和恢复能力
埃利奥科(Elliott)等	2005年美国"卡特里娜"飓风	通过对418位非裔和白人被访者的面对面访谈,研究了新奥尔良住宅区四个街区的早期重新安置情况	种族差异会影响灾民经历飓风后的恢复和重建状况
斯托(Stough)等	2005年美国"卡特里娜"飓风	在墨西哥湾沿岸的四个州召集了31名住在新奥尔良或附近的残疾人开展焦点小组访谈,并使用扎根理论分析研究数据	残疾加剧了受灾者在获取资源和恢复过程中所经历的困难,这是该群体灾害脆弱性突出的主要原因
布劳威尔(Brouwer)等	2005年孟加拉国水灾	672位被访者接受面对面调查,45位被访者接受半结构访谈	贫困者以及缺乏土地所有权者在水灾中具有更高的脆弱性
查特吉(Chatterjee)	2005年印度水灾	对孟买城内两个受灾贫民窟住户进行入户调查,随机抽取了50家住户,围绕受灾情况、减灾行为等主题进行访谈	当地的减灾措施不能降低贫民窟住户的脆弱性,而社会资本有助于控制脆弱性
卡罗尔(Carroll)等	2005年英国水灾	对遭受洪水袭击的英国西北部卡莱尔地区进行灾害影响研究。方法包括半结构访谈、深度访谈和焦点小组访谈	对洪水的感知风险低导致房主不愿安装家用防洪设施,从而增加了自身脆弱性
菲尤(Few)和陈(Tran)	越南气候变化引起的飓风和水灾	2006年2月至3月,在湄公河三角洲的城市地区和中部省份的农村地区,对低收入家庭进行半结构化访谈,对专家进行16次焦点小组访谈	获取被访者对灾害事件及健康风险认知的信息,并了解有关家庭和社区层面的应对措施
沃克(Walker)等	2007年英国水灾	对46名受灾儿童进行面对面访谈、焦点小组讨论、故事板沟通和电话访谈。另外,对18名成年人进行访谈	儿童不只是洪水的"受害者",而且可以在灾后恢复过程中发挥积极的关键作用
保罗(Paul)和罗特雷(Routray)	2007年孟加拉国水灾	在孟加拉国中部海岸三个村庄,通过关键知情人访谈、焦点小组讨论和家庭问卷调查(共311户)收集数据	水灾应对措施虽可有效降低脆弱性,但其有效性受时间、空间和人文环境(如年龄、性别、社会阶层等)等因素影响
阿吉巴德(Ajibade)等	2011年尼日利亚水灾	采用混合数据收集方法,对来自研究区的36位18岁及以上女性进行深度访谈,6位被访者进行焦点小组访谈讨论,453位被访者进行了问卷调查	性别脆弱性与经济因素相关,富裕、中等收入地区不存在性别脆弱性差异,贫困地区的性别脆弱性差异很大
丘姆斯里(Chomsri)和谢勒(Sherer)	2011年泰国水灾	两位学者通过叙事访谈、实地观察、与10名被访者的焦点小组讨论来收集资料,以研究泰国中部洪泛平原区受灾者的社会脆弱性	受灾者的生理和精神脆弱性是由经济和政治不平等等因素共同造成的
蓬蓬拉特(Pongponrat)和石井(Ishii)	2011年"3·11"日本大地震并引发海啸	对海啸重灾区的泰裔女性进行深度访谈,使用内容分析和叙事方法来分析资料,以理解和讨论经历海啸灾难的泰裔女性的社会脆弱性问题	性别不平等、信息获取和援助机会有限、语言障碍、移民政策限制、社交网络有限等因素共同影响了该群体的脆弱性

续　表

研究者	致灾事件	研究方法	研究内容与结论
王(Wong)等	2017 年和 2018 年美国加州野火	对 2017 年或 2018 年受加利福尼亚野火影响的脆弱群体开展 4 组焦点小组讨论，被访者共有 37 名	调查脆弱群体在疏散过程中对共享经济的选择意愿和实际选择情况，探讨共享经济在灾难中对脆弱性和社会公平的影响作用
滨田座(Hamidazada)等	2019 年灾害事件	与阿富汗农村女性和男性开展焦点小组讨论，与政府/非政府组织的工作人员开展面对面访谈，获得资料后使用扎根理论进行分析，并绘制脆弱性因素及其关系图	欠缺的灾害保护措施与灾害教育，以及男权制度的文化背景都会增加女性脆弱性。其中，文化背景严重影响了女性获得救灾及医疗服务的机会与能力

由表 4 - 1 可以发现，社会脆弱性定性研究的主流模式为：田野调查＋个案研究＋多种数据收集方法，即以田野调查的方式开展个案研究，在研究中主要运用访谈的数据收集方法(也有部分研究在访谈的基础上配合运用参与式观察的方法)，而内容分析法和扎根理论作为数据分析手段出现在脆弱性研究中。

第二节　社会脆弱性研究中的定性方法

源自人类学、社会学、心理学、政治学等不同领域的定性研究方法非常多，亦衍生出不同的分类标准。本书依据定性方法在社会脆弱性研究中的实际使用情况，选择个案研究、访谈法和扎根理论进行具体介绍(此处不涉及它们属于数据收集方法还是数据分析方法等类别的讨论)。

一、个案研究在社会脆弱性研究中的应用

个案研究方法最初出现于医学和教学领域，后来逐渐推广到心理学、人类学、社会学、经济政治学、灾害学等领域。文军和蒋逸民在其编写的《质性研究概论》著作中定义个案研究为"以一个典型事例或人物为具体研究对象，进行全面系统的调查研究，以了解其发生和发展的规律，从而为解决更一般的问题提供经验"。

在社会脆弱性定性研究中，"个案"一般指灾害、疫情、技术事故等特定的突发事件以及气候变化等缓慢发生的环境威胁，例如，表 4 - 1 所列举的"卡特里娜"飓风、孟加拉国水灾、日本海啸等。同时，个案的调查时间既可以是突发事件发生后短暂的快速响应阶段，也可以是突发事件之后漫长的恢复阶段，例如，表 4 - 1 中所列举的蓬蓬拉特(Pongponrat)和石井(Ishii)两位学者是在日本海啸发生后的第 6 年才开展了对边缘人群的个案调查。

虽然个案研究在社会脆弱性研究领域中具有非常多的具体形式，但是它们都可以归纳为两类："说明型个案研究"与"调查型个案研究"。前者为说明论点服务，后者主要服务于研究致灾过程与结果的呈现。

1. 说明型个案研究。

说明型个案研究一部分侧重于描述，例如，陈述灾害事件的发生过程及其影响，或者描述灾害事件发生前后的备灾、救灾、响应和恢复阶段的不同特征；还有一部分侧重于实践，详细说明防灾备灾和灾害管理如何减少灾害的负面影响。总之，“说明型个案研究”旨在解答社会脆弱性研究关心的两个核心问题：特定致灾因子造成的负面影响是什么？更好的防灾备灾是否能减少灾害带来的损失？

2. 调查型个案研究。

调查型个案研究是研究者试图通过对灾害案例中核心要素的调查来解答与社会脆弱性相关的研究问题。例如，为什么致灾事件会造成如此程度的灾难影响？人们采用他们的方式应对灾害的根本原因是什么？致灾事件A是怎样演变成灾难场景B的？

在这类研究中，社会学家埃里克·克兰纳伯格(Eric Klinenberg)针对1995年芝加哥热浪事件所开展的研究就是典型的调查型个案研究。克兰纳伯格历时16个月在美国芝加哥实地收集资料，通过田野调查、深入访谈、档案研究、统计资料解读来分析说明自然、人文和政治诸因素是怎样集中作用于芝加哥1995年热浪事件的。调查发现，芝加哥不同地区的热浪死亡率与种族、年龄、社区兴衰以及社区犯罪率有着明显关系。在对非裔社区和拉美裔社区的对比研究中，又进一步发现文化背景和身体素质表现出的对高温的不同适应能力也会左右热浪死亡率。我们根据前面章节内容可知，诸如种族、年龄、文化等社会人文要素正是社会脆弱性研究中密切关注的关键影响因子，因此克兰纳伯格的调查型个案研究一方面完美地展示了如何用社会学理论思路和分析工具去解剖重大灾难事件，另一方面也为我们提供了调查型个案研究如何用于社会脆弱性研究的范例。

无论是重在描述灾害事件的说明型个案研究，还是重在深度挖掘灾害事件影响要素的调查型个案研究，它们对社会脆弱性研究都具有十分重要的意义。

(1) 通过对灾害事件、减灾实践及应急救援的详细描述，有助于我们了解灾害发生、发展及灾后恢复过程中的复杂性，也有助于我们观察自然环境、人类行为、经济、政治与社会等因素如何共同作用并导致灾难的形成与演变，这是我们理解和分析社会脆弱性生成机制的客观基础。

(2) 以个案研究提供的案例为基础，我们可以剖析社会脆弱性形成中的关键问题，进而为解决问题和降低社会脆弱性提供具有针对性、实操性的减灾方案与措施。

(3) 从个案研究中的特定灾害事例出发，可以为进一步证实脆弱性理论提供事实依据，或者为建立脆弱性研究假设提供思路，从而推动社会脆弱性理论研究的发展。

(4) 在可能的情况下，将个案研究的结论适度地推广到更大规模的同类群体中去，有助于发现或描述个体、团体和事件在社会脆弱性形成过程中的一般特征和总趋势。

(5) 个案研究可以为社会脆弱性的定量研究提供事实依据，奠定灾害社会脆弱性指标评估体系建构研究的基础。

二、访谈法在社会脆弱性研究中的应用

访谈作为一种常见的社会科学研究方法也被广泛应用于社会脆弱性研究，在表4-1所示的每一项社会脆弱性定性研究中都用到了这种方法。访谈法是通过研究者与被研究者直接接触、直接交谈的方式来收集资料的一种研究方法。它旨在深入探讨灾害事件中存在的个体行为与相关问题，即发现人们为什么会以他们的方式来应对灾难，并探索人际关系以及灾害背景下他们所扮演的角色。

访谈的具体方式非常多样，我们可以按照不同的划分标准对其进行总结。

第一，按照问题设计状况，可分为结构式访谈、半结构式访谈和无结构式访谈。例如，布劳威尔(Brouwer)等人对2005年孟加拉国水灾、卡罗尔等人对2005年英国水灾、菲尤(Few)和陈(Tran)对越南飓风和水灾进行脆弱性调查时，都用到了半结构式访谈。

第二，依据访谈的情境，可分为正式访谈和非正式访谈。

第三，按照访谈的交流方式，可分为面对面的直接访谈和电话、书面问卷等的间接访谈，例如，沃克(Walker)等人在对2007年英国水灾做调查时，就同时采用了面对面的直接访谈和间接的电话访谈方式。

第四，按照被访者的人数，可分为个别访谈和焦点小组访谈。表4-1示例中涉及访谈的研究都运用了个别访谈，其中，卡罗尔等人和沃克等人对英国水灾脆弱性的研究，菲尤和陈对越南飓风和水灾脆弱性的调查，保罗(Paul)和罗特雷(Routray)开展的孟加拉国水灾研究，阿吉巴德(Ajibade)等对尼日利亚水灾脆弱性的调查，王(Wong)等人对加利福尼亚野火脆弱性的研究，以及滨田座(Hamidazada)等对阿富汗农村女性灾害脆弱性的调查，还采用了焦点小组讨论。

1. 个别访谈。

个别访谈是指访谈者与被访谈者(一般是灾民或其他受影响者、利益相关者等)之间一对一进行交谈，通过叙述性的、探索性的或结构松散的深入访谈对话，倾听被访者的意见，从被访者那里获取一手数据，以便进行进一步的分析。一般而言，带有一组准备好的问题的访谈提纲是讨论的基础。如果访谈偏离了预期方向，它不会被视为问题，而是会受到鼓励。图4-1为伯德(Bird)等人对海啸幸存者进行个别访谈，以了解人们在海啸事件中的具体应对行为和响应状态。

2. 焦点小组访谈。

焦点小组访谈也是引导式对话，但发生在小组环境中。焦点小组访谈的一个优点是高效，可以在相对较短时间内访谈大量研究对象并处理他们的意见。同时，焦点小组访谈会使研究人员分散注意力，从而形成相对平衡的研究关系。与个人访谈相比，焦点小组访谈既有访谈者和被访谈小组成员之间的互动，又有小组成员之间的互动。两种形式并存的互动可以最大限度地提高信息的深度，并验证访谈所得到的初步结论。

图 4-1 对 2004 年印度洋海啸幸存者的个别访谈
(资料来源: Bird D K, Chagué-Goff C, Gero A. Human response to extreme events: A review of three post-tsunami disaster case studies[J]. Australian geographer, 2011, 42(3): 225-239.)

在社会脆弱性研究中,焦点小组的成员一般涉及灾害领域专家、政府官员和普通民众三类。例如,滨田座在对阿富汗农村女性的灾害脆弱性进行调查时,按照女性小组(9 人)、男性小组(7 人)和减灾工作人员(9 人)三个小组分别展开访谈(图 4-2)。当然,也有研究为调查灾害脆弱性影响因子的具体作用方式,对普通民众做了进一步划分。例如,王等在做美国加州野火脆弱性调查时,分成老年人(10 人)、残疾人(10 人)、低收入者(8 人)和在家中说西班牙语的移民(9 人)等四个焦点小组。

图 4-2 阿富汗农村妇女灾害脆弱性研究中的焦点小组访谈场景
(资料来源: Hamidazada M, Cruz A M, Yokomatsu M. Vulnerability factors of Afghan rural women to disasters[J]. International journal of disaster risk science, 2019, 10(4): 573-590.)

在社会脆弱性研究范围内，访谈法探讨的主题一般可分为两类：一类是围绕脆弱性内涵展开的访谈，通常涉及被访者的灾害经历或被访者在灾害中的暴露度、敏感性、适应性等；另一类是了解对社会脆弱性存在潜在影响的被访者特征，例如，年龄、性别、收入、文化背景、宗教信仰等。以马斯曼(Massmann)和威翰(Wehrhahn)对泰国灾害社会脆弱性的定性研究为例，他们采用了个别访谈和焦点小组访谈两种类型。访谈主持人按照访谈提纲进行采访，提纲内容包含暴露度、敏感性和韧性三个部分。这三个部分的内容通过文献检索和专家知识确定，例如，敏感性主要涉及社交网络和社会资本等，韧性则包括生计多样性和房屋质量的改善等。主持人会询问被访者在 2004 年泰国南部海啸和曼谷水灾中的经历，以及亲友在灾害中的重要性、被访者利用社交网络收集灾害信息的方式等。在马斯曼和威翰的研究中，被访者(包括焦点小组成员和个别访谈)限于当地人，例如，生活在泰国南部安达曼海岸的渔民或种植园工人，生活在曼谷的普通工人或个体经营者，另有部分被访者是负责风险管理的政府官员和非政府组织代表。所有访谈对话都被录音，并随后进行了转录。

三、扎根理论在社会脆弱性研究中的应用

扎根理论起源于社会学，20 世纪 60 年代，社会学家巴尼·格拉泽(Barney Glaser)和安塞尔姆·斯特劳斯(Anselm Strauss)在合作研究医院临终病人时，共同开发了持续比较法(Constant Comparative Method)，这种分析方法在观察之间相互比较，并将观察和建构中的归纳理论进行比较。持续比较法后来成为扎根理论的一个主要构成部分。格拉泽和斯特劳斯在 1965 年出版的著作《死亡意识》(*Awareness of Dying*)中系统介绍了持续比较法如何应用于医院死亡问题的研究。两年后，两人在新作《扎根理论的发现：质化研究策略》(*The Discovery of Grounded Theory: Strategies for Qualitative Research*)中首次明确提出了“扎根理论”。扎根理论方法主要使用定性数据，在系统化收集、整理、分析经验材料的基础上，对现象描述进行概念化编码和理论性取样，从而归纳派生出扎根于定性数据的概念和理论。

扎根理论的步骤主要由选题和资料收集、资料分析、撰写备忘录、理论性抽样、检验与评估标准等五个部分组成。其中，资料分析即对实证资料进行逐级编码的过程，是扎根理论中特别关键的一环。编码过程分为如下四个步骤：① 通过对收集到的数据资料进行分解整理。② 根据研究需要，运用逻辑思路或典范模型将彼此间的关系重新组合串联起来。③ 深层次挖掘彼此间的关系。④ 最终形成理论框架。根据文军和蒋逸民在其著作《质性研究概论》中的介绍，编码分为开放式编码、主轴式编码和选择式编码三种。在进行开放式编码时，研究者需要对资料进行逐字分析与逐行分析，以期发现隐含的重要社会现象，并加以命名及范畴化。主轴式编码在范畴与范畴之间建立联结，用来表明资料中各部分之间存在的逻辑关联。选择式编码是在主轴式编码的基础上，进一步选择一个核心范畴，并有系统地加以说明、检证与补充。

从表 4－1 可知，斯托(Stough)等人对残疾群体应对“卡特里娜”飓风的社会脆弱性

调查以及滨田座等人对阿富汗农村女性灾害脆弱性的研究都用到了扎根理论的方法，我们选用前者进行详细介绍，以期展示扎根理论在社会脆弱性领域中的应用。

研究区：美国佐治亚州的亚特兰大市、密西西比州的格尔夫波特市、得克萨斯州的休斯敦市、路易斯安那州的新奥尔良市和巴吞鲁日市。选择这些城市作为研究区的原因是它们都是“卡特里娜”飓风事件中的受灾区，有大量灾难幸存者，同时，它们也是为残疾人服务的灾难案例管理项目的所在地。

焦点小组参与者是按照以下标准进行选择的：① 在过去 60 天内与灾难案例管理员有过接触。② 接受至少 6 个月的灾难案例管理服务。③ 在飓风袭击时已年满 18 岁。④ 在飓风事件后具有至少一项限制日常活动的残疾。按标准最后确定的参与者主要为女性、黑人和中年人，几乎都经历了住房损坏以及流离失所。在此次研究中，6—9名参与者组成一个焦点小组。

选题：焦点小组成员在灾后的恢复阶段遇到的支持和障碍。核心问题如下所示：

(1) 什么帮助您从“卡特里娜”飓风中恢复过来？

(2) 有什么事情导致您无法顺利康复？

资料收集过程：

第一作者主持焦点小组访谈，第二作者负责在会议期间做笔记。会议平均持续 110 分钟。每次会议结束后，至少有 2 名研究人员回顾会议，第一作者完成每次会议的实地笔记。每段会议录音都整理成文本，总共有 258 页双倍行距的叙述数据，这用于建立所收集数据的初步印象。

在第一个焦点小组中，被访者绕过了第一个问题，直接讨论他们恢复的障碍。事实上，直到他们彻底讨论了他们所遇到的障碍后，他们似乎才能谈论恢复过程。因此，研究人员对问题重新排序。然而，即使直接被问及什么有助于他们的恢复过程时，被访者也倾向于谈论恢复障碍。

资料分析过程：

(1) 开放式编码：前三位作者分别对每个焦点小组的转录文本逐行编码，然后一起讨论以完善它们的码号命名，并且形成概念。

(2) 主轴式编码：一旦五个焦点小组都完成了开放式编码工作，前三位作者将这些开放代码进行类别提取，形成代表五个焦点小组讨论的主题类别。具体操作：将新数据与以前的编码（概念）进行比较，寻找彼此间的联系，进一步挖掘概念的属性，任何新信息都可视为关于核心问题的更精确的证据。

(3) 确定这些类别的属性和维度，并编写每个类别的描述作为备忘录过程的一部分。检查每个类别以确保为所描述的类别收集了足够多的可达到饱和的数据。

(4) 选择式编码：第四和第五作者对这些类别描述和代表性引述进行了审查，就研究中提出的类别达成共识。重新检查原始数据和类别，用于确定一个核心类别，理解核心类别与其他类别，以及其他类别之间的关系。在此基础上，对总体进行进一步分析，最终确定的结果如下：

焦点小组参与者很容易确定的总体类别是“缺乏有助于灾后恢复的具体资源”。参与者表示，他们在飓风过后不久就获得了援助，但在灾后一年（即召开焦点小组会议）时，这些资源已大幅减少。五个焦点小组讨论的共识是阻碍他们灾后恢复的主要原因是“住房问题”“健康问题”“交通问题”“就业及经济问题”“服务获取问题”。

第三节　社会脆弱性定量研究

社会脆弱性定性研究可以帮助我们明确脆弱性影响因素的构成，并探明单一因素对灾害损失的作用机制与影响途径。依据定性研究所提供的先验知识，脆弱性定量研究可以面向广泛的脆弱性影响因素集，运用统计数据或地理空间数据，评估并识别出灾害等突发事件中需要重点关注和援助的敏感群体或脆弱区域，从而为灾害风险治理人员开展应急救援和政策干预提供科学参考。

关于社会脆弱性的定量计算，目前常用的方法是综合指数法、函数模型法和基于GIS的空间分析法。其中，综合指数法主要采用主成分分析法、加权求和法和层次分析法等数学方法进行脆弱性指数的估算。另外，借鉴经济学、模糊数学等其他学科的研究成果，有关学者尝试利用诸如模糊综合评判法、帕累托等级分析法、数据包络分析法、集对分析法和投影寻踪分析法等新的评价方法来实现对脆弱性的量化研究。

需要说明的是，在脆弱性定量研究的发展历程中，灾害自然脆弱性评估的研究得到了更多的关注与资源，社会脆弱性量化研究则相对被忽视。事实上，自然脆弱性和社会脆弱性分别从不同角度定义了脆弱性，同时，社会脆弱性评估能捕捉和衡量丰富的敏感群体和敏感地区的特征，是了解人类社会（包括个人、家庭等不同对象或社区、城市、国家等不同空间尺度的地域）应对、抵御灾害，并实现灾后恢复的特质的关键手段。因此，社会脆弱性的量化研究对我们制定风险应急防范战略和韧性发展计划而言是至关重要的，理应得到重视。

本节内容将主要围绕社会脆弱性的定量研究展开介绍与说明，但因为国内学者并没有将自然脆弱性和社会脆弱性做严格区分的传统，因此我们在阐述相关方法时，不可避免地也会涉及自然脆弱性的定量研究。

一、综合指数法

社会脆弱性是高度多维的，涉及经济、年龄、性别、健康、种族、文化、教育等有形与无形的特征，这种多维特性使得社会脆弱性很难用跨尺度和单一通用度量集来实现定量化。由于社会脆弱性的直接测量存在困难，因此一般通过选择相关特征的代理指标来衡量人类社会的脆弱程度。从已有文献来看，社会脆弱性定量研究多数采用综合指数法。该方法目前已被应用于大至全球、小至人口普查街区的多种评估尺度。我们以周扬等（2014）提供的资料为基础，补充整理了综合指数法在不同评估尺度上应用的概况(表 4-2)。

表 4-2　综合指数法的应用概况

评估尺度	研究范围	致灾因子或扰动
国家	全球	气候变化
	欧洲	洪水
	非洲	气候变化
	加勒比地区:圣文森特和巴巴多斯	自然灾害
省	中国	自然灾害
市	全球	地震
	西班牙坎塔布里亚沿海地带 13 个城市	洪水
	挪威	自然灾害
	中国 345 个城市	自然灾害
县	美国	自然灾害
	美国沿海地区	飓风/风暴潮/暴雨
	美国墨西哥湾沿岸地区	飓风
	美国墨西哥湾及大西洋沿岸地区	自然灾害
	德国	洪水
	中国长三角地区	自然灾害
	中国沿海地区	气候变化
	韩国沿海城市釜山	气候变化
人口普查街区	美国开普梅县	气候变化/海平面上升/洪水
	美国弗吉尼亚都市区	飓风/风暴潮
	美国佛罗里达州希尔斯伯勒县	飓风
	美国俄勒冈海岸沿线 26 个城市	海啸
	英国	洪水
	土耳其伊斯坦布尔市彭迪克(Pendik)区	地震
	澳大利亚旺内鲁(Wanneroo)市南部和斯旺(Swan)地区	自然灾害
	越南北部沿海农业区	气候变化

综合指数法的操作步骤为:① 选择脆弱性理论模型(详见本书第三章相关内容)。② 构建指标体系:依据所选理论模型和关于社会脆弱性的先验知识,进行社会脆弱性评估指标(或代理变量)的选择,以此构建社会脆弱性的评估指标体系。③ 指数估算:利用数理统计或其他数学方法将指标(或代理变量)综合成社会脆弱性指数,以表征研究对象的脆弱性程度。其中,指标体系的构建可以采用两种不同的推理模式:归纳式或

演绎式。在进行指数估算时包括等权重赋值和非等权重赋值两种处理方式。其中，非等权重赋值方式常用主成分分析法、加权求和法或层次分析法等数学方法。表 4－3 总结并展示了综合指数法的不同分类标准及其对应的代表性文献。

表 4－3　综合指数法的分类及实例

分类标准	方法	代表性文献
指标体系构建模式	归纳式	卡特等对环境灾害社会脆弱性的定量研究；雷格尔(Rygel)等对飓风风暴潮社会脆弱性指数的估算；博鲁夫(Boruff)和卡特对加勒比海岛屿国家脆弱性的计算；比亚纳多蒂尔(Bjarnadottir)和斯图尔特(Stewart)对沿海地区社会脆弱性的评价
	演绎式	卡特等以美国南卡州为例开展的脆弱性评价；吴(Wu)等针对沿海地区海平面上升的脆弱性定量研究；查克拉博蒂(Chakraborty)等对灾害脆弱性的评估；扎赫兰(Zahran)等对美国德州水灾社会脆弱性的定量研究
指数估算方法	等权重	克拉克(Clark)等对美国沿海地区应对极端风暴的脆弱性评价研究；吴等针对沿海地区海平面上升的脆弱性定量研究；卡特等对环境灾害社会脆弱性的定量研究
	非等权重	克莱诺斯基(Kleinosky)等对美国弗吉尼亚州汉普顿路地区风暴潮洪水和海平面上升脆弱性的定量研究；比亚纳多蒂尔等对沿海地区社会脆弱性指数的评估
指数包含要素	单要素	卡特等对环境灾害社会脆弱性的定量研究
	多要素	哈恩(Hahn)等对生计脆弱性指数的计算；柳(Yoo)等对海岸城市气候脆弱性的定量研究；沙赫(Shah)等对气候变化中生计脆弱性的计算；阿赫桑(Ahsan)和华纳(Warner)对社会经济脆弱性指数的评价研究
时间维度	当下	卡特等对环境灾害社会脆弱性的定量研究；阿赫桑和华纳对社会经济脆弱性指数的评价研究
	未来	吴等针对沿海地区海平面上升的脆弱性定量研究；雷格尔等对飓风风暴潮社会脆弱性指数的估算；克莱诺斯基等对美国弗吉尼亚州汉普顿路地区风暴潮洪水和海平面上升脆弱性的定量研究
数据来源	原始数据	哈恩等对生计脆弱性指数的计算；沙赫等对气候变化中生计脆弱性的计算；阿赫桑和华纳对社会经济脆弱性指数的评价研究
	二次数据	卡特等对社会脆弱性的研究多数以二次数据为基础；李欣(Li Xin)等对中国灾害社会脆弱性的分析也以二次数据为基础

表 4－3 中所列的“指标体系构建模式”和“指数估算方法”，既是重要的分类标准，又是综合指数法的关键步骤，因此下文将就此展开详细说明。

（一）指标体系构建模式

1. 社会脆弱性研究中的演绎法。

演绎法强调理论驱动，是自上而下的构建思路，因此研究者依据有关灾害社会脆弱性的先验理论知识和所选脆弱性理论模型进行评价指标的选择。需要注意的是依据演绎法选择的社会脆弱性指标数量较为有限，一般为10个及以下。具体操作步骤如下：① 理解所要评估的灾害社会脆弱性现象及其发生过程。② 对脆弱性现象溯源并同时探查相关影响因素。③ 依靠理论知识确定关键影响因素及其作用方式（即影响因子是以正向还是负向的方式影响脆弱性）。④ 在数据可获取的前提下，选择简单易懂的评估指标，并利用有效的数学方法进行指数合成。

在演绎法中，需要特别重视的问题有以下几种：

（1）概念模型、影响因子及其内在联系、评估研究的目标和假设，都需要研究者事先确定，这是灾害社会脆弱性评估顺利开展的前提和基础。

（2）确定理想概念模型的标准：在保证社会脆弱性理论正确的前提下，对后期评估指标的量化具有更强指导意义的模型优先考虑。

（3）选择的评估指标要求能充分代表脆弱性影响因素的关键特性，而且能够满足量化的要求，当然，它的数据获取也要求有保障。

（4）灾害社会脆弱性指标选择数量通常低于10个。

表4-4列举了学者依据演绎法构建的灾害社会脆弱性评估指标体系。

表4-4 演绎法构建社会脆弱性评估指标体系的示例

作者	指标数量	指标名称
道宁(Downing)等	3	每天人均获取食物能力、人均GNP、5岁以下儿童的死亡率
扎赫兰(Zahran)等	3	非贫困率、白人比例、家庭收入中位数
克鲁诺斯拉夫(Krunoslav)等	6	年龄、性别、教育程度、少数族裔比例、个人收入、残疾人比例
卡特(Cutter)等	8	总人口数、住房总量、女性人数、非白人居民数量、18岁以下人口数、65岁以上人口数、住房均价、临时房屋数量
文森特(Vincent)	9	贫困率、城市人口变化率、老人和儿童比例、成年人患艾滋病比例、GDP中公共卫生支出比例、固定电话拥有率、腐败指数、贸易平衡率、农村人口比率
吴(Wu)等	9	总人口数、住房总量、女性人数、非白人居民数量、18岁以下人口数、60岁以上人口数、女性主导的单亲家庭数、租户数量、住房均价
查克拉博蒂(Chakraborty)等	10	总人口数、住房总量、5岁以下人口数、85岁以上人口数、临时房屋数量、贫困率、固定电话拥有率、汽车持有率、有制度保障的人口数、残疾人口数
西亚吉安(Siagian)等	10	年龄、性别、个人收入、教育程度、家庭结构、家庭无照明设施比例、人口增长率等

2. 社会脆弱性研究中的归纳法。

归纳法强调数据驱动，是从大量社会脆弱性相关变量中筛选出具有明显统计关系的指标，然后利用这些指标和统计关系构建数学模型。与根据理论模型指导脆弱性评价的演绎法不同,归纳法依据观察而得的经验关系建立统计模型。这就决定了归纳法的特点:① 基于统计规则,自下而上选择社会脆弱性评估指标所对应的变量。② 在选择变量时虽然也借鉴先验知识,例如,社会脆弱性文献或概念模型等,但它对概念模型的依赖程度要远低于演绎法。③ 要求有庞大的底层指标变量集支持,通常为 20 个以上的变量。有学者在应用归纳法进行社会脆弱性量化研究时,为追求评估指标体系的完备性而提倡选择所有可能的变量。④ 归纳法在追求指标完备性的同时,会引入维度灾难问题,因此它常常需要借助主成分分析(Principal Component Analysis, PCA)等常用的数据降维方法进行特征提取,即将大型高维数据集映射为不相关的低维数据集,再将所得特征因子汇总以构建社会脆弱性指数。

卡特等人在 2003 年发表的文章《环境灾害的社会脆弱性》(*Social Vulnerability to Environmental Hazards*)确立了用归纳法进行社会脆弱性指数估算的通用模式。文章介绍了整个操作流程:首先,梳理并分析了大量社会脆弱性文献,最初收集了 250 多个社会脆弱性评估变量;其次,经多重共线性测试后保留了 85 个初始变量,经归一化处理后确定了 42 个变量构成的评估指标集;再次,经过主成分分析降维产生 11 个特征因子;最后,采用等权重加和的方式将特征因子汇聚成社会脆弱性指数。当然,为保证因子载荷的符号与其对社会脆弱性的已知影响保持一致,进行了如下微调:所有已知会增加社会脆弱性的因子被赋予正号,所有已知会降低脆弱性的因子被赋予负号。

此后,许多学者将这套归纳法评估模式应用于更多场景。

(1) 海岸侵蚀灾害:博鲁夫(Boruff)等为研究美国沿海地区 213 个县在海岸侵蚀中的社会脆弱性,选择 39 个变量构建评估指标集,经主成分分析后,保留 10 个特征因子参加脆弱性综合指数的计算。

(2) 风暴潮灾害:雷格尔(Rygel)等选择与风暴潮脆弱性相关的 57 个变量构成评估指标体系,经主成分分析降维为 13 个变量,再利用帕累托等级(Pareto Ranking, PR)分析法生成社会脆弱性指数。

(3) 河道洪水灾害:费克特(Fekete)等以德国县城为分析单元,选择 41 个变量作为社会脆弱性评估指标集,经主成分分析提取 7 个特征变量后合成社会脆弱性指数。

(4) 海啸灾害:伍德(Wood)等人以美国俄勒冈州沿海 26 个城市为例,选择 29 个变量进行主成分分析,再将提取的 11 个特征变量合成人口普查街区的社会脆弱性指数,由此识别高度脆弱的 4 个城市及 2 个未建制地区。

(5) 气候变化问题:葛(Ge)等人以中国沿海地区为例,经相关性检验后,从 28 个初始变量中保留了 24 个变量,经投影寻踪法估算每一变量各自的权重值,并合成社会脆弱性指数。

(6) 地震灾害:施密特兰(Schmidtlein)等研究地震对美国南卡州查尔斯顿地区的破坏状况,一方面利用 HAZUS-MH 软件包计算了地震带来的直接损失,另一方面利用归纳法估算了研究区的地震社会脆弱性。他们收集了 26 个初始变量,经主成分分析后提取 7 个主要特征并合成脆弱性指数。德拉赫尚(Derakhshan)等以美国俄克拉荷马州为研究区，从统计数据中选择27个社会经济变量，经主成分分析降维为7个特征因子，再利用等权重加和将它们合成社会脆弱性指数，用以研究地震可能造成的不利影响。

3. 分层法：演绎法与归纳法的折中。

泰特(Tate)曾运用全局灵敏度对比分析了社会脆弱性指标体系构建模式中存在的不确定性。他认为，演绎法模式对概念模型的选择最为敏感；而归纳法模式精度相对更高，但对研究尺度和评估指标较敏感。事实上，在归纳法的应用中，研究者通常也需要对脆弱性理论的基本理解(如对社会脆弱性的基本认知、对评估目的与研究区时空特征的了解等)，由此才能科学地建立起拥有大量初始变量的脆弱性评估指标体系。同样，在演绎法模式中，也很少出现单纯依赖社会脆弱性理论模型而与统计方法、应用背景毫不相干的评估。

另外，受数据收集成本和数据获取的限制，发展中国家的研究者往往无法构建大体量的指标体系。此时，折中的理论数据混合模式——分层法应运而生。分层法具有如下特征：① 最初参与评估的变量介于10至20个之间。② 相对于演绎法，它具有更复杂的层级结构。③ 与归纳法不同，分层法并不用统计方法确定特征结构，它依赖参与式方法或专家知识确定社会脆弱性指数的特征结构及对应指标，甚至包括后期的加权求和计算。分层法因为利益相关者和专家的参与，可能需要相对更多的时间和资源。这决定了该方法一方面更受人为主观因素的影响，而另一方面，它也因此具有较高的透明度和可接受性。

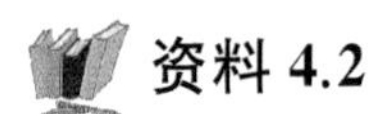

资料 4.2

经典社会脆弱性评估指标体系

卡特不仅开创性地建立了以归纳法指导社会脆弱性定量研究的通用模式，而且以社会脆弱性定性研究为基础，整理并确定了较为全面、经典的社会脆弱性评估指标体系。具体内容如下所示：

1. 社会经济特征：包括经济收入、政治权力和社会声望三种类型。高收入、高政治地位、高声望的群体具有更高的抵御灾害损失的能力，即社会脆弱性更低。

2. 性别差异：女性由于需要承担照顾家庭的义务，以及可能的较低的劳动力市场地位，因而更容易受到灾害影响。

3. 种族和民族：对于少数族裔而言，语言和文化差异降低了此类群体有效获取灾中救援和灾后救助的可能性，因此具有更高的社会脆弱性。

4. 年龄：儿童和老人在生理、心理及行动力等方面的固有特征导致这两类群体在“规避风险、应对风险和灾后恢复”等方面的能力较低，因此他们具有更高的社会脆弱性。

5. 工商业发展状况(密度)：工商业建筑的分布密度是暴露性的表现形式之一，密度越高意味着暴露性越高，因此社会脆弱性越高。

6. 工商业发展状况(价值):工商业蕴含的经济价值是地区经济实力的象征,经济活力是抵御灾害不利影响的有效手段,又与灾后恢复能力紧密相连。因此,经济价值越高,社会脆弱性越低。

7. 就业状况:较高的失业率导致灾后劳动力市场面临额外的压力,失业者抵御灾害打击并从中恢复的能力也相对更低,因此失业率与社会脆弱性成正比。

8. 城乡状况:由于农村的经济资源受自然条件影响更多、经济收入相对较低、公共服务供给相对欠缺,因此农村地区的社会脆弱性高。

9. 住宅状况:住宅建筑的质量和密度影响潜在损失和后期恢复。质量差、高密度、临时性的住宅建筑会使社会脆弱性加剧。

10. 基础设施状况:诸如排水系统、交通基础设施、通信基础设施等的质量会影响地区抵御灾害和灾后恢复的能力,因此高质量的基础设施,可降低社会脆弱性。但低质量的基础设施会因其损失而加剧灾害的不利后果,即增加社会脆弱性。

11. 租房者:租房者属于短暂定居,该类群体缺乏稳定的社会资本抵御灾害损失,缺少在灾中应急期间和灾后恢复期间获得灾害援助的信息途径。因此,租房者的社会脆弱性相对更高。

12. 职业状况:与自然资源相关的工作(如农业、渔业等)更容易受到灾害的影响,因此从业者的社会脆弱性更高。

13. 家庭结构:有大量受抚养人的家庭或单亲家庭往往缺少足够的资金来外包护理工作,因此必须同时承担工作责任和对家庭成员的照顾责任。这会影响该群体对灾害的抵御能力和恢复能力。因此,大家庭以及单亲家庭的社会脆弱性高。

14. 教育状况:教育与社会经济地位有关,受教育程度越高,平均收入越高。同时,较低的受教育程度会限制个体获取、理解灾害信息的能力。因此,受教育程度与社会脆弱性呈反比。

15. 人口增长:快速的人口增长可能导致优质住房的缺乏和城市公共服务数量和质量的下降,因而产生区域层面的更大的社会脆弱性。

16. 医疗服务状况:指医务人员数量、医院数量、医疗设施等资源的供给状况,它是重要的灾害救济资源。医疗服务供给的欠缺会影响地区的灾中救济能力和灾后恢复能力。因此,具有更多医疗服务资源的地区,社会脆弱性更低。

17. 社会依赖程度:依赖社会服务的人往往在经济和社会上被边缘化,他们是需要额外援助的弱势群体,因此具有更高的社会脆弱性。

18. 特殊需要人群:主要包括体弱者、流动人口、无家可归者,由于无法及时获得灾害预警和援助信息而可能受到更严重的灾难打击,并且他们的灾后恢复能力相对更弱,因此特殊需要人群越庞大的地方,社会脆弱性越低。

(资料来源:Cutter S L, Boruff B J, Shirley W L. Social vulnerability to environmental hazards[J]. Social science quarterly, 2003, 84(2): 242-261.)

（二）指数估算方法

1. 主成分分析法。

当综合指数法应用于社会脆弱性定量研究时，若所选指标数量较多，则指标间可能存在相关性（即指标数据负载信息存在重叠），这会给脆弱性估算和分析带来不必要的麻烦。而主成分分析法正是解决这一问题的理想工具。主成分分析法以提取社会脆弱性的主要影响因子为目标，一般与等权重赋值方法组合，共同服务于综合指数的构建。目前，它是社会脆弱性定量研究中最为常见的估算方法。

主成分分析法是由卡尔·皮尔逊（Karl Pearson）于1901年提出的。它的主要目的是将数据进行简化，即利用正交变换将 n 个可能相关的变量通过线性变换，投影为不相关的 p 个新变量，这些不相关变量称为主成分。通常 p 会比 n 小很多，而且由线性组合得到的主成分仍能保持原变量最多的信息。主成分分析法的计算步骤为：① 对原始的变量观测值进行标准化处理，以消除各变量量纲不同和量级差异的影响。② 计算各变量的相关系数矩阵。③ 计算相关矩阵的特征值（从大到小排列）以及特值向量。④ 计算各主成分的方差贡献率和累积贡献率，经最大方差旋转后，提取主成分。

除了前文介绍归纳法时提及的卡特、博鲁夫等国外学者应用主成分分析法进行脆弱性指数估算外，国内也有很多学者应用该方法完成脆弱性的量化研究。2002年，黄淑芳以桌面地理信息系统软件 MapInfo 为平台，利用主成分分析的方法对中国区域生态环境进行了脆弱性的综合评价，并对全国的生态环境脆弱度进行分级。2004年，赵珂等人以云南、贵州为例，根据云贵两省的生态环境特点，对导致两省生态环境脆弱程度恶化的主要因素进行主成分分析并做出综合评价。2005年，孔庆云等人选择24个对环境有主要影响的因子，采用主成分分析方法，分析评价乌兰察布盟（现为乌兰察布市）的生态脆弱性，结合农业区划的成果，实现了乌兰察布盟生态退化区和生态脆弱区的科学划分。2013年，陈文芳等利用主成分分析法对长三角地区的134个区县进行灾害社会脆弱性的定量研究，提取了累计方差贡献率为80.1%的6个特征变量，经过等权重加和获得社会脆弱性指数。2014年，周扬等利用主成分分析法分别对全中国省份和县域进行灾害社会脆弱性评估，并基于估算结果进行了空间自相关分析。2015年，方佳毅等以我国沿海地区300个行政单元为研究对象，选取31个社会经济变量进行社会脆弱性评价与空间分布研究。作者基于主成分分析法，提取了6个主要影响因子，并最终得到社会脆弱性指数。2018年，张怡哲以中国海岸带地区292个区县为研究单元，利用高分辨率 DMSP/OLS 夜间灯光数据与植被指数融合得到潜在暴露度的空间分布，再基于主成分分析法，得到海岸带社会恢复力的空间格局，最后融合两者获得海岸带地区的社会脆弱性空间格局。可见，国内对主成分分析法的运用最早发端于生态脆弱性研究，之后转入灾害领域，近期出现了与其他高分辨率影像数据结合使用的新趋势。

2. 加权求和（平均）法。

加权求和（平均）法因其简单明了的特征在脆弱性定量研究中也获得了广泛的应

用。美国国际开发署(United States Agency for International Development，USAID)资助的早期饥荒预警系统研究曾通过加权平均法计算了非洲大陆不同地区粮食安全的脆弱性。南太平洋应用地球科学委员会(South Pacific Applied Geosciences Commission，SOPAC)将收集得到的五大类别共47个指标(大气项目有6个指标，地质项目有3个指标，国家特性有7个指标，生物特性有8个指标，人类发展因素有23个指标)做平均化处理，由此估算了环境脆弱性指数。

除了国际机构，学者也较为偏爱加权求和(平均)法。2011年，穆斯塔法(Mustafa)等提出从收入、教育、基础设施、社会资本、赋权感等多个方面衡量灾害脆弱性。并且，针对城市家庭、城市社区、农村家庭和农村社区四种类型分别设计对应的脆弱性评估指标体系及评估标准，最后利用加权平均法集成灾害脆弱性指数。2012年，奥伦西奥(Orencio)和藤井(Fujii)以菲律宾奥罗拉省沿海城市巴勒为研究区，从地理属性、环境属性、经济和生计、粮食安全、政策和制度、人口特征、资本特征7个关键因素构建沿海社区的灾害脆弱性指数。在该研究中，学者们依据社区的易感程度对7个关键因素进行5分制评定与赋值，所得因子值经加权平均后获得最终的脆弱性指数。2013年，安特维·阿吉(Antwi-Agyei)等人对加纳的干旱脆弱性进行量化评估研究。他们采用焦点访谈和问卷调查等多种方法收集了涉及加纳2个地区6个社区共270户家庭的相关数据，再将数据做量化处理，最后通过加权求和法估算了家庭脆弱性指数。2014年，阿赫桑(Ahsan)和华纳(Warner)从人口、社会、经济、自然和灾害暴露5个方面收集了27个指标，通过加权求平均的方法估算了孟加拉国西南沿海地区在气候变化影响下的社会经济脆弱性指数。同年，巴斯比(Busby)等人对非洲做气候变化影响研究时，从暴露度、人口密度、家庭和社区韧性、治理及政治暴力5个方面选择相关指标进行量化，再通过加权求和法计算了非洲不同国家受气候变化影响的综合脆弱性。2016年，丁(Ding)等人以中国岷江上游山区为例，抽取了包括人口密度、道路密度、建筑覆盖率、耕地覆盖率、泥石流影响区域、城市化率和人均GDP等13个指标，利用加权求和法建立了泥石流脆弱性评估模型，并得到了泥石流灾害脆弱性区划图。

加权求和(平均)法因其简单、可操作性强的优势，较为适合处理多类型变量数据，尤其是问卷调查所获得的数据。

3. 层次分析法。

层次分析法(the Analytic Hierarchy Process，AHP)是由美国运筹学家萨蒂(A. L. Saaty)于20世纪70年代提出的，它运用系统分析的思想将复杂的问题分成若干有联系、有序的层次结构模型，然后对每一层次的相关元素进行比较判断，按它们的相对重要性进行定量化，再利用数学方法决定全部元素的重要性次序，并用一致性检验来保证评价判断的符实性。层次分析法已被广泛用于多标准决策问题，它以程序为导向，易于将有形和无形因素纳入脆弱性评价中，同时也有助于将脆弱性量化研究中存在的复杂不确定性情况进行建模。

在2000—2010年间，国内学者应用层次分析法进行脆弱性量化的探索性尝试，应用范围包括灾害、气候变化、农业生产、生态环境等多种场景。2001年，樊运晓等人在国内首次采用层次分析法确定了地质灾害、洪涝灾害和地震灾害的脆弱性指标权重。2002年，刘文泉用专家调查法和层次分析法相结合的研究方式确定了敏感性和适应能力的指标组，进而确定各个层次的指标权重及总权重分布，最终设计完成了农业生产方面的气候脆弱性指标方案。2004年，高吉喜等人在联合国环境署的支持下，针对我国的实际情况，利用层次分析法建立了我国区域洪水脆弱性的评估模型。2005年，王德炉和喻理飞以贵州省安顺市为例，选择与喀斯特环境脆弱性紧密相关的6个因子构成评价指标，用层次分析法计算了显性和隐性两大喀斯特类型的指标权重值，并依据欧氏距离建立了环境生态脆弱性的计算模型。2008年，唐凤德等人以辽宁省14个城市的生态环境为研究对象，按生态环境脆弱成因与结果选择了15个指标，通过层次分析法进行指标权重赋值并对各城市的生态环境脆弱性进行定量评价。

2010年后，国内外学者对层次分析法在脆弱性量化研究中的应用逐渐趋同并成熟化。2013年，张(Zhang)和黄(Huang)以北京为例，建立了包含26个变量的社会脆弱性指标体系，并以改进的层次分析法评估各变量权重，从而获得北京的人口、职业、经济、基础设施和社会五个方面的脆弱性分布图。2015年，方创琳等从资源、生态环境、经济和社会4个方面选取36个变量，利用熵技术支持下的层次分析法确定指标权重，对中国2011年城市脆弱性指数进行计算，并分析了城市脆弱性的时空分异规律。2016年，查克拉博蒂(Chakraborty)和乔希(Joshi)利用层次分析法评估了印度594个地区的灾害脆弱性。其中，脆弱性分为暴露度、敏感性和适应性三个组成要素，暴露度指地区在地震、飓风、洪水、干旱和海平面上升等五种情境中的暴露状况；敏感性包括人口密度、边缘工人、森林覆盖率、保护区和净播种面积等5个指标；适应性涉及识字率、电力供应、道路设施、通信设施和医疗设施等5个社会发展指标。2017年，鲁大铭等以西北地区316个县(市)为研究单元，以社会经济统计数据、气象数据、遥感影像数据和矢量数据为基础，综合运用模糊层次分析和变异系数分析方法，构建了西北地区脆弱性指数并说明其时空演化过程。2018年，赵银兵等采用熵权支持下的层次分析法进行权重赋值，进而通过加权求和计算了成都市2000—2015年的综合脆弱性指数。同年，龙腾腾等基于社会经济角度构建安宁市森林火灾社会脆弱性评价指标体系，用主成分分析法提取关键指标，用层次分析法确定指标权重，由此合成2001—2011年安宁市森林火灾的社会脆弱性指数。2020年，哈迪普尔(Hadipour)等以伊朗阿巴斯港城市地区为例，通过层次分析法和模糊层次分析法对社会脆弱性指标进行权重赋值，并以线性方式合成综合指数。2021年，扎哈米(Zarghami)和杜姆拉克(Dumrak)以澳大利亚城市为研究对象，将层次分析法与因果循环图结合使用，共同生成了社会脆弱性指数。可见，2010年后的层次分析法应用时，数据源趋于多样化，学者较多采用改进的层次分析法，或者将层次分析法与其他分析方法组合使用。

一般而言，前文提及的主成分分析法主要用于数据降维，以此提取脆弱性主要影响因子，而层次分析法则立足于影响因子的权重赋值。层次分析法遵循认识事物的规律，把人的主观判断用数量的形式表达和处理，能将决策者对复杂系统的决策思维过程模型化、数量化，因此它是一种较新的将定性和定量分析相结合的多因素评价方法。但是，这种数量化的信息基础是人们对每一层次各因素的相对重要性给出的判断矩阵，也就是说，层次分析法的关键步骤还是必须依靠人的主观判断，这导致该方法具有一定的随意性，可能也会造成同一研究问题出现不同分析结论的后果。这是我们在应用层次分析法解决社会脆弱性量化问题时需要注意的。

二、函数模型法

函数模型法的理论假设是“系统的脆弱性是其组成要素之间相互作用的结果”，因此该方法在脆弱性概念的基础上，对脆弱性三大基本构成要素——暴露度、敏感性、适应性，以及韧性进行定量评价，然后从脆弱性组成要素之间相互作用且得到承认的简化关系出发，建立脆弱性评价模型。通过对相关文献的梳理，我们汇总得到脆弱性及其组成要素的常用函数关系式，如表 4－5 所示。

表 4－5　函数模型法中的常用函数关系式

组成要素数量	函数关系式	作者
二要素	$V=-S-0.5\times A$	Yoo et al(2011)
二要素	$V=S/A$	李鹤等(2009)
二要素	$V=S/R$	刘继生(2010)
三要素	$V=f[E(A);S(A)]$	Yohe and Tol (2002)
三要素	$V=f(E,S,A)$	Adger (2003)；Metzger et al(2005)
三要素	$V=(E-A)\times S$	Hahn et al(2009)，Shah et al(2013)
三要素	$V=(E\times S)/R$	Balica et al(2012)
三要素	$V=(E+S)-A$	Morzaria-Luna et al(2014)；Lin and Polsky (2016)
四要素	$V=(E\times S)/(A\times R)$	苏飞等(2008)

注：V 代表脆弱性；E 代表暴露度；S 代表敏感性；A 代表适应性；R 代表韧性。

表 4－5 所列的函数关系式反映了公式适用范围、学者研究背景和研究侧重点的差异。柳(Yoo)等开发了沿海城市气候变化脆弱性的通用评估方法，他们认为在气候变化这一研究领域中，如果对敏感性和适应性赋予同等权重，会导致高估适应性在脆弱性评估中的重要性，因此他们将适应性的权重系数调整为 0.5。同时，S 取值范围为 -1 至 1，A 取值范围为 0 至 1；$V=0$ 时表示城市不易受气候异常的影响，$V=-1$ 时表示城市有韧性，$V=1$ 时表示城市脆弱性高，易受气候变化的影响。李鹤等人在研究我国东北地区矿业城市的社会就业脆弱性时，提出脆弱性与敏感性呈正比，与适应性呈反比。刘继生在评价辽源市社会系统和经济系统的脆弱性时，认为敏感性和韧性是系统脆弱

性的基本属性,脆弱性与敏感性呈正比,与韧性呈反比,因此用敏感性与韧性的比值来表达脆弱性。以上函数关系式都涉及了与脆弱性相关的两个组成要素。

也有研究者认为脆弱性应该由三个相关参数所定义。例如,尤伊(Yohe)和托尔(Tol)认为系统在应对外界压力时所展现的暴露度和敏感性是受适应性影响的,两者应首先表达为关于适应性的函数关系式,再作为脆弱性函数关系的参量输入。两位学者借助这一函数关系式表达这样的思想:系统的脆弱性会随着暴露度和敏感性的增加而增加;但是,随着适应能力的提高,暴露度和敏感性也可能出现下降。阿杰(Adger)在讨论气候变化领域中的脆弱性以及梅茨格(Metzger)等人在研究气候变化场景下的生态系统服务脆弱性时,都将脆弱性简化表达为暴露、敏感和适应三者的函数,但在具体估算时,梅茨格还引入了时间维度和空间维度。在生计脆弱性领域,哈恩(Hahn)等人和沙赫(Shah)等人强调适应性发挥作用的方式是降低暴露度,两者合为一个因子与敏感性共同定义脆弱性。巴利卡(Balica)等人从城市的水文地质、社会经济和政治行政管理三个方面挖掘暴露度、敏感性与韧性影响因素,最终将城市受沿海洪水影响的脆弱性函数表达为与暴露度和敏感性的乘积呈正比,与韧性成反比。莫扎里亚・露娜(Morzaria-Luna)等研究了人为压力(包括气候变化)给美国沿海社区带来的渔业脆弱性。他们基于渔业脆弱性领域已有的研究成果,对暴露度、敏感性和适应性指数做等权重处理,基于相对简单的加和方式构建了脆弱性函数关系式。林(Lin)和波尔斯基(Polsky)在量化台湾农村土著社区的台风脆弱性时,也采用了这一函数关系式。

国内学者苏飞等人在评价我国煤矿城市经济系统脆弱性时,认为脆弱性应该包括暴露度、敏感性、适应性和韧性四个要素,并且基于四个要素与脆弱性的相关性,构建了相应的函数关系式。苏飞等人提出的脆弱性函数关系式与巴利卡(Balica)等人提出的函数关系式类似,只是前者增加了对系统适应性的评估。

值得关注的是,只存在加减关系的函数模型法其实可视为综合指数法的一种特例。此外,函数模型法具有敏感性,如前文所提,它与适用范围、研究背景和研究侧重点相关,这在一定程度上阻碍了研究者所构建的脆弱性函数关系式的推广与应用。

三、基于 GIS 的空间分析法

随着 GIS 技术的成熟与发展,基于 GIS 的空间分析法在脆弱性评价中的应用逐渐增多,并且相关研究往往包含自然脆弱性和社会脆弱性两个组成部分。一般而言,GIS 空间分析法包含以下三类应用模式:① 以常规统计方法计算得到社会脆弱性指数,经 GIS 技术空间化后与自然脆弱性指数通过图层叠置得到综合脆弱性。② 社会脆弱性影响因素的数据格式即为空间数据,或者将其他数据格式转化为空间数据后,利用 GIS 的图层叠置功能生成关于社会脆弱性指数的空间数据。③ 对利用常规统计方法得到的社会脆弱性指数经 GIS 软件空间化后再进一步做空间分析。

1. 模式一：社会脆弱性指数与自然脆弱性指数空间化后经图层叠置生成综合脆弱性。

2002 年，吴（Wu）等人基于 GIS 方法评估了新泽西州开普梅县对洪水灾害的脆弱性。他们首先计算了洪水风险的空间分布，以此代表自然脆弱性；然后以年龄、性别、种族、收入和住房条件等评价指标，估算社会脆弱性值并利用 GIS 展现其空间分布；最后在 GIS 环境下将自然和社会脆弱性结合，得到研究区的综合脆弱性。

2003 年，郝璐等人以内蒙古牧区为例，利用层次分析法和图层叠置法对草地畜牧业的雪灾脆弱性进行评价研究。在研究中，作者选取积雪深度、草场退化及草场利用强度等指标评价区域孕灾环境敏感性，以此代表自然脆弱性；选取年末畜均棚圈和饲料作物播种面积等指标以估算区域承灾体适应性，以此代表社会脆弱性。因为原始数据包含统计年鉴、NDVI 数据集等多种类型，所以作者先利用 GIS 技术生成内蒙古牧区雪灾敏感性分布图，再生成区域承灾体适应性分布图，最后将两者叠置分析，得到内蒙古牧区草地畜牧业雪灾脆弱性值及其空间分布图。

2004 年，奥布莱恩（O'Brien）等基于 GIS 和数学模型，以印度 466 个地区 1961—1990 年的数据首先构建了与干旱和季风相关的气候敏感性指数。然后利用社会和技术指标，估算了印度所有地区的适应性指数。最后再将地区适应能力指数与气候变化敏感性指数相叠加，由此获得印度各地区对未来气候变化的脆弱性空间分布状况。

2016 年，弗里杰里奥（Frigerio）等人以意大利为研究区，选取年龄、就业、教育等社会经济指标评估了研究区地震灾害的社会脆弱性，再应用 GIS 技术识别了社会脆弱性的空间变异性。进而，通过风险矩阵，将社会脆弱性指数图与地震灾害图相结合，由此获得了地震灾害的风险图。

2. 模式二：空间数据经图层叠置生成社会脆弱性指数。

2005 年，梅茨格（Metzger）等人以欧洲为研究区，针对气候变化情景，将区域脆弱性设定为包含“生态系统潜在影响程度”和“经济系统适应能力”两种要素的函数模型。研究成员首先获得这两种构成要素差异分布的栅格图，在此基础上，按照“潜在影响增加脆弱性，适应能力降低脆弱性”的原则，在 GIS 系统中叠加处理得到区域脆弱性值及其空间分布。

同年，张丽君在 GIS 软件（ILWIS）环境下，利用其新开发的具有空间分析功能的 SMCE 模块，对青海省的地质环境脆弱性进行了评价。张丽君基于青海省地貌图、地质灾害图、水资源图以及土地利用图等，生成脆弱性评价指标的属性图，并给出指标的相对排序。在 ILWIS 软件环境下，计算出评价指标的权重。最后将指标属性图与权重树相链接，通过 SMCE 对图层进行叠加运算，从而得到地形可准入性图、地质灾害危险性图、水土资源可供性图。将上述三图层以等权重进行叠加，获得最终的地质环境脆弱性图。

2009 年，洪紫亮基于 MapGIS 对赤壁市的生态脆弱性进行评价。首先，基于地形坡度的空间数据经 GIS 技术处理后生成自然要素的生态环境脆弱性评价图，再将土地利用现状图视为人为作用要素,与自然要素的生态环境脆弱性评价图进行叠加操作,由此得到综合人为作用的生态脆弱性评价图。同年,拉皮塞塔(Rapicetta)和扎农(Zanon)通过简化模型建立火山爆发的情景,再经过土地覆盖和土地利用数据,生成承灾体社会经济系统的敏感性。最后利用 GIS 将爆发情景和敏感性空间数据叠加生成区域的火山脆弱性分布图。2011 年,廖炜等将气象数据、土地利用图和社会经济数据等统一到栅格数据,再经空间主成分分析完成各栅格图层的叠置计算,从而实现丹江口库区生态环境的脆弱性评价。

2018 年,付刚等以北京市为例,使用遥感数据、人口经济数据、环境质量数据等多元数据,运用“敏感、弹性和压力”的生态脆弱性评估框架模型,结合 ArcGIS 空间分析模块中的空间主成分分析法,计算得到生态脆弱度、生态敏感度、生态弹性度和生态压力度及其空间分布,最终通过对上述图层的叠加实现生态脆弱性的评价。张慧琳等同样以 GIS 技术为支撑,应用空间主成分分析、重心迁移等方法对五台山地区 2000 年、2005 年、2010 年和 2015 年 4 期的生态脆弱性进行了评价。

此外,2009 年出现了模式二的独特应用研究。例如,埃伯特(Ebert)等人探索了一种利用空间数据估算社会脆弱性值的新方法。他们利用 GIS 数据、雷达数据、卫星数据提取了与社会脆弱性相关的指标,再基于统计普查数据计算了社会脆弱性指数,前者作为自变量,后者作为因变量,经过回归分析,得到八个影响因子。埃伯特等认为此八大影响因子可作为今后基于空间数据评估社会脆弱性的评价指标,这可以优化脆弱性的评估效率和评估成本。

3. 模式三:社会脆弱性指数经空间化后再做空间分析。

2004 年,哈基(Haki)等以伊斯坦布尔彭迪克地震多发区为例,利用传统的加权求和法计算了社会脆弱性指数。在此基础上,利用 GIS 的核密度估计和空间移动平均法对社会脆弱性空间格局进行分析,并通过空间自相关探索社会脆弱性的空间关系。

2008 年,卡特(Cutter)和芬奇(Finch)研究了 1960 年以来美国社会脆弱性的时空变化模式。两位作者在使用主成分分析构建社会脆弱性指数后,利用 GeoDa 软件进行了空间自相关分析,检查了社会脆弱性在县级尺度上聚类的相似性与差异性,并捕捉到县级社会脆弱性由集中变分散,整体脆弱性下降但区域差异增大的空间特征。

2014 年,周(Zhou)等人基于中国最近四次对 2 361 个县的人口普查及其相应的社会经济数据,使用因子分析创建了每个县的社会脆弱性指数。进而,在 GIS 环境下展示了 1980—2010 年中国社会脆弱性的县级时空格局,并进行探索性空间数据分析,包括全局和局部自相关,用于揭示县级社会脆弱性的空间聚集格局。

2020 年,宋(Sung)和廖(Liaw)对台湾宜兰县面对水灾和泥石流的社会脆弱性进行量化。首先,作者经文献回顾选择了 12 个变量,通过主成分分析法提取 4 个主成分后合成社会脆弱性指数。为了探索社会脆弱性的空间格局,作者利用 GIS 进行了空间自相关分析。此外,还应用地理加权回归(GWR)对社会脆弱性进行验证,证明所得社会脆弱性具有足够的解释能力。

2021年，葛(Ge)等利用中国2000年和2010年人口普查的数据，通过应用投影追踪法对社会脆弱性指数进行评估，利用QGIS软件展示了中国城乡社会脆弱性的时空变化。在此基础上，构建城乡社会脆弱性差异指数，并应用GeoDa软件计算了差异指数的全局和局部莫兰指数(Moran's I)以评估城乡社会脆弱性差异指数之间的空间变异和关联。再计算城市化与SVI之间的空间自回归模型和双变量Moran's I，从而确定了城市化对社会脆弱性的影响。

基于GIS的空间分析法为社会脆弱性研究增加了技术复杂性，这种技术正在迅速成为社会脆弱性科学背后的重要推动力之一。我们可以看到GIS技术将社会脆弱性与空间模式联系起来后，脆弱性的空间差异以更加直观的方式呈现出来，社会脆弱性分析进入了一个新的领域，并发挥出独特的优势与魅力。但是，基于GIS技术的空间分析法也面临数据挑战。例如，空间建模法可提取并处理的脆弱性影响因素有限。部分高精度影像资料的高昂价格及特定的时间分辨率也影响了该方法的进一步推广。当然，在更精细的空间尺度(如社区尺度以及家庭尺度)上利用GIS去探索空间分析依然是我们未来努力的方向，正如卡特在2003年的文章中所提及的“社会脆弱性最重要的主题之一是需要识别、描绘和理解在所有尺度上增加或减少脆弱性的驱动力”。

四、其他新方法

1. 数据包络分析法。

数据包络分析(Data Envelopment Analysis, DEA)是由美国运筹学家查恩斯(Charnes)和库柏(Cooper)提出的一种有效的系统分析方法。它以“相对效率评价”概念为基础，主要借助于数学规划和统计数据来对具有多投入和多产出的决策单元(Decision Making Unit, DMU)进行投入产出运行效率的评价。

刘毅等在其撰写的文章《基于DEA模型的我国自然灾害区域脆弱性评价》中，用数据包络分析的新视角详细解读了自然灾害的发生过程。他们认为，灾害的发生是区域灾害系统运行的结果，这一复杂综合系统亦是一个具有“投入—产出”的决策单元。具体而言，致灾因子、孕灾环境和承灾体作为输入因素，与“投入”相对应；而灾情的出现则代表了系统的“产出”；区域自然灾害的脆弱性则成为灾害发生过程中灾情产生效率的反映(图4-3)。这样的分析路径非常有助于理解灾害脆弱性，当然值得注意的是此处的产生效率是负效率，是我们需要通过灾害应急与综合防范手段加以控制的。

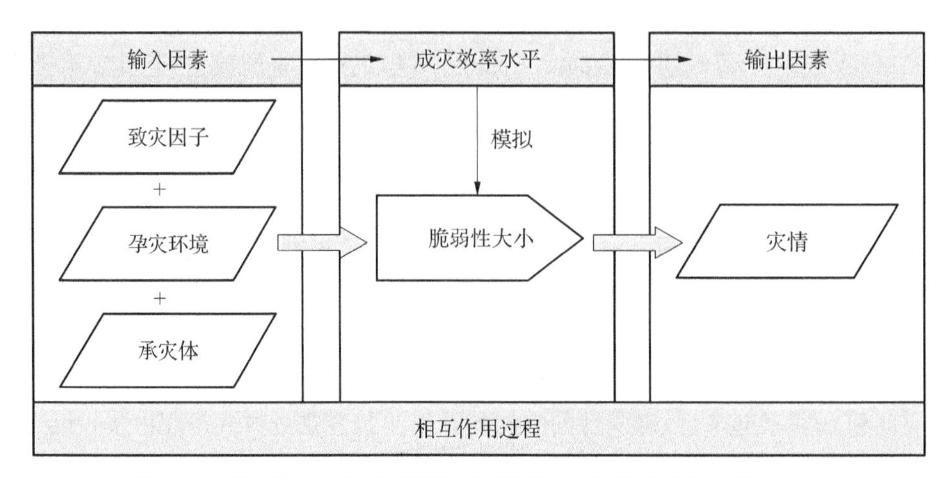

图 4-3　基于数据包络分析的脆弱性评价思路(修改自刘毅等,2010)

区域自然灾害的成灾效率水平越高,则说明脆弱性越大,意味着系统遭遇灾害后容易形成较为严重的灾情;反之,区域灾害的成灾效率水平越低,则脆弱性越小,系统遭遇灾害后灾情会相对较轻。刘毅等选择从区域灾害危险性、区域承灾体暴露性水平和区域灾害综合损失度三个方面选择指标,将其作为 DEA 模型投入产出因素,并以全国 31 个省(市、自治区)作为基本评价单元①,对全国自然灾害脆弱性进行计算。

最早将数据包络分析方法用于脆弱性量化研究的中国学者是魏一鸣等人。2004 年,他们首次在研究中将区域人口数量和 GDP 作为 DEA 模型的输入因素,受灾人口数和灾害经济损失作为模型的输出因素,选取各省级行政区为决策单元,利用 1989—2000 年间的政府统计数据计算得到了自然灾害脆弱性。之后,陆续有其他学者在脆弱性量化研究的不同环境中探索数据包络分析方法的应用。例如,2010 年,程翠云采用 DEA 模型,对贵州省花溪水库下游受影响的贵阳市 4 区进行溃坝洪水灾害的脆弱性评价。输入数据包括区域面积、人口总数和区域生产总值,输出数据包括溃坝洪水淹没范围、溃坝洪水风险人口和溃坝洪水经济损失。2014 年,赵昕等人运用产出导向的超效率 DEA 模型建立了基于历史灾情的风暴潮灾害脆弱性测度模型,并利用该模型评价了我国 11 个沿海省市 2002—2003 年、2004—2005 年、2006—2007 年、2008—2009 年、2010—2011 年五个时段的风暴潮灾害脆弱性。2015 年,裴欢等以我国农业旱灾为背景,选择农作物播种面积、农业人口、农民人均收入和灌溉指数作为投入指标,选择旱灾受灾面积、旱灾成灾面积和受灾人口为产出指标,运用 DEA 模型得出的相对效率值,对农业旱灾脆弱性进行评价并分析我国近 40 年农业旱灾脆弱性的时空变化特征。2016 年,侯俊东等人采用超效率 DEA 模型计算了我国地质灾害的社会脆弱性指数,并对估算所得的各省地质灾害社会脆弱性进行全局和局部自相关检验,识别其空间特征。

2019 年,黄星等人提出了基于对抗、中立和友好三种交叉效率 DEA 模型的脆弱性

① 该研究未包括台湾地区。

评估方法。该研究以致灾因子危害性、承灾体暴露度和防灾能力为模型输入因素，以灾害损失为模型输出因素，有效评估了我国 24 个沿海城市的灾害脆弱性等级。2020 年，黄晶和佘靖雯以长江三角洲城市群中心区 27 个城市为研究对象，基于超效率数据包络模型对该区域的洪涝灾害脆弱性进行量化研究。他们选择人口总量、GDP 总量、建成区面积三项指标作为 DEA 模型输入因素，将洪灾损失(包括受灾人口、直接经济损失)视为模型输出因素，模型的决策单元为研究区城市，由此构建了城市洪涝灾害脆弱性评估模型，并进行了空间自相关、空间差异分析和脆弱性影响因素分析。

数据包络分析方法不需要预先估计权重参数和函数模型，避开脆弱性的根源及形成过程，利用显性指标给予科学评价，从而可以避免主观因素的影响，提升评价的客观性。但是，该方法应用于灾害脆弱性量化研究时，模型的输出因素一般为各类灾害损失数据，对于灾害统计数据缺失或完备性不足的地区，这一方法的效用会受到一定的限制。因此，目前该方法仅能实现对全中国省级行政区的脆弱性评价或者局部地区次级行政单元的评价。另外，数据包络分析方法未能充分体现致灾因子和孕灾环境的差异性，评价结果中无法区分不同扰动对系统脆弱性影响程度的差异，具有一定的局限性。

2. 帕累托等级分析法。

雷格尔(Rygel)等人(2006)提出用帕累托等级分析的方法来计算社会脆弱性，他们认为帕累托等级分析法的优势在于既可避免脆弱性指标的权重分配问题，又可合理实现聚合脆弱性指标的功能。帕累托等级可从 1 到 N，1 是最高级数，若依脆弱性来说，是指脆弱性最高的情况，其他的脆弱等级依序类推。

帕累托等级分析将每个研究案例都视为 n 维向量$\{\boldsymbol{c}_{i1},\boldsymbol{c}_{i2},\cdots,\boldsymbol{c}_{in}\}$来考虑。为简单起见，假设我们有四个研究对象(即脆弱性量化研究中的评估单元)：A、B、C、D 四个点，每个点都是二维向量$\{\boldsymbol{c}_1,\boldsymbol{c}_2\}$。将各点依据其值标于“脆弱性空间”中，可得四个不同位置(图 4-4)。

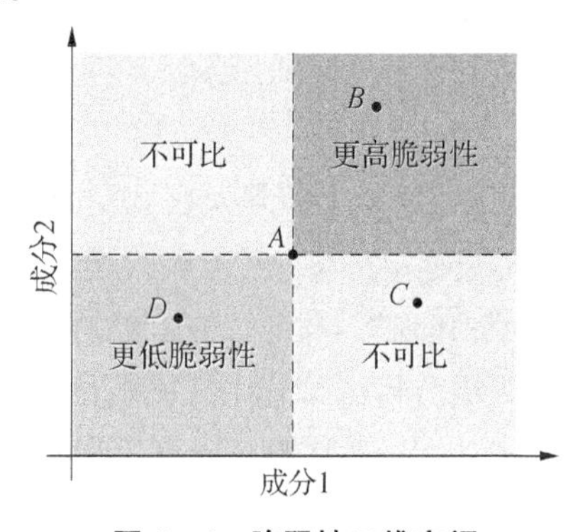

图 4-4 脆弱性二维空间

若以 A 点为基准点，从 A 点可分出四个不同象限。基于帕累托最优(Pareto Optimality)原则[①]，只有位于第一象限的值才有可能比 A 点值更大，如 B 点。因为就 B 点而言，成分 c_1的值和成分 c_2的值都比 A 点大，所以 B 点处于比 A 点更极端的位置。在脆弱性空间里，则值越大代表脆弱性越高，因此 B 比 A 更脆弱。同理可知，位于第三象限的 D 点具有比 A 点更低的脆弱性。但是，位于第二或第四象限的点，如图中的 C 点，因不符合帕累托最

① 帕累托最优，也称为帕累托效率，是指资源分配的一种理想状态。假定固有的一群人和可分配的资源，从一种分配状态到另一种分配状态的变化中，在没有使任何人境况变坏的前提下，使得至少一个人变得更好，这就是帕累托改进或帕累托最优。

优，故无法比较。此时需要引入第三个点进行间接比较，由此决定 A 点与 C 点是否属于同一等级。

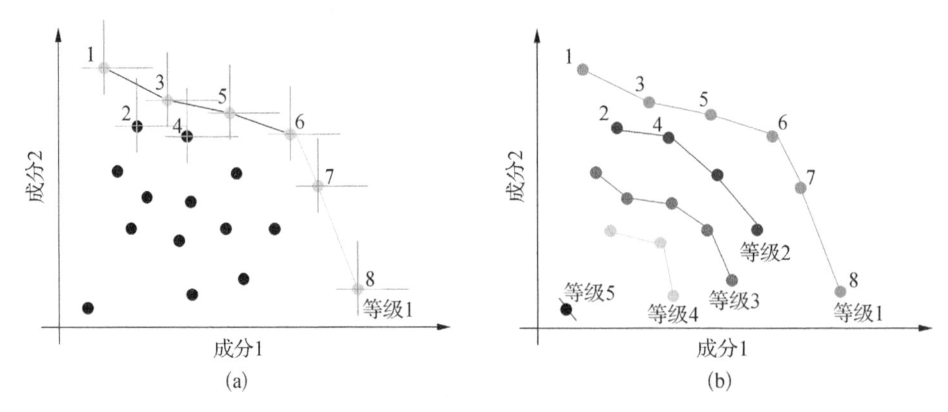

图 4-5 帕累托等级分析法计算原理[来源：李欣辑和杨惠萱(2012)]

图 4-5 呈现在 n 点比较的情境下，基于帕累托等级分析法计算脆弱性的一般原理。首先，将每个点视为中心点，画出四个象限，检查是否有其他点坐落于该点所在的第一象限内，若无则表示该点已是坐落在最脆弱的位置，如点 1。图 4-5(a)中的点 3 因位于点 2 的第一象限，故点 3 比点 2 更脆弱。同理，点 5 也位于点 4 的第一象限，因此点 5 比点 4 更脆弱。最后，依次完成所有点位的比较排序，即可找出哪些点是属于最脆弱的等级，如图 4-5(a)中的点 1、点 3、点 5、点 6、点 7 和点 8，此时系统将它们归类为等级 1。等级 1 的点取出之后，剩下的点将继续按照上述步骤重新进行等级排序，最后的结果如图 4-5(b)所示。可见，这其实也是在可选点中不断寻找帕累托最优前沿的过程。

雷格尔(Rygel)等人在 2006 年提出应用帕累托等级分析法计算社会脆弱性的设想后，将其应用于风暴潮灾害的脆弱性评价。研究人员首先选择了 57 个与贫困、性别、种族、年龄和残疾等相关的脆弱性评估变量，经主成分分析后精简为 13 个变量，再利用帕累托等级分析法聚合生成脆弱性指数。

2012 年，李欣辑和杨惠萱将帕累托等级分析法应用于台湾坡地灾害的社会脆弱性评价。她们从以下 4 个方面考虑，选择了 16 个相关变量：① 可能的最大损失：坡地灾害受影响人口、家户财物损失、建筑物损失。② 环境建设：治山防洪量、坡地超限利用量、道路数。③ 自保能力：独居老人比例、身心障碍者比例、受灾经验、消防人员比例、社区防灾力、避难收容所。④ 复原与适应能力：低收入户比例、复原率、社区参与率、投保率(指标体系如图 4-6 所示)。再按照“可能的最大损失”“环境建设”“自保能力”“复原与适应能力”4 个方面分别进行加权平均处理，得到的四个分项指数参与帕累托等级分析法，最终聚合生成坡地灾害的社会脆弱性指数。

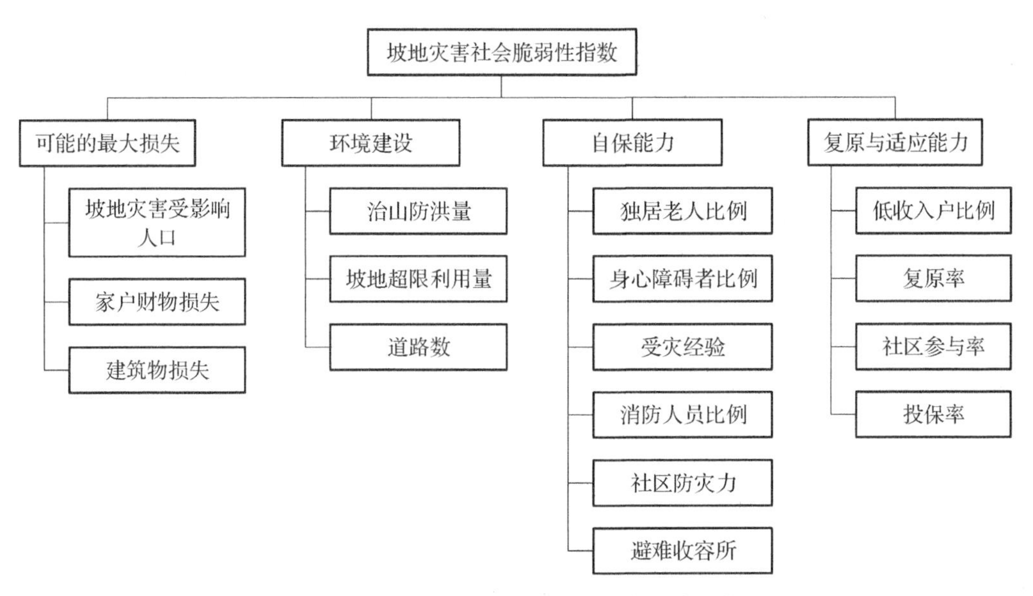

图 4－6　坡地灾害社会脆弱性评价的层次结构图

2020 年，纳尔逊(Nelson)等人收集了三种开源数据：关于基础设施的遥感 REACH 数据、联合国人口基金的“资源可获取性”数据以及国际移民组织的“需求及人口监测”数据，运用帕累托等级分析法计算了孟加拉国的罗兴亚难民基于性别的脆弱性。整体研究思路与台湾学者的类似，分三级汇聚得到脆弱性指数(图 4－7)。

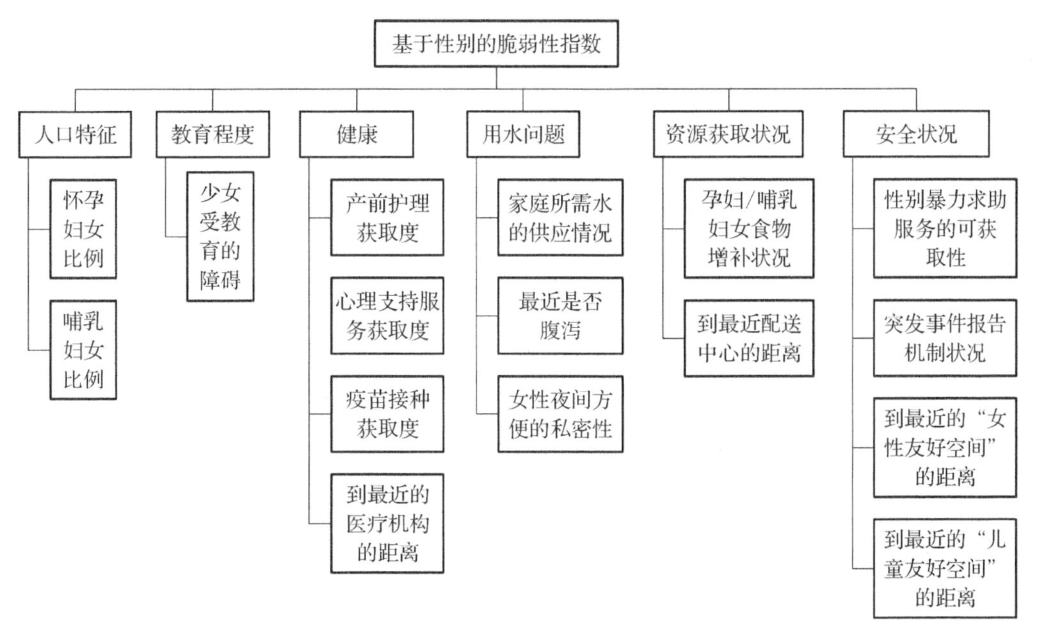

图 4－7　基于性别脆弱性指数评价的层次结构图

在应用帕累托等级分析法时,需要注意的是该方法仅提供相对脆弱性排名,不能提供脆弱性的绝对估算值。此外,在实际应用中,向量维度(即 n 值)不宜过大,否则影响计算效率。因此,研究人员一般先用主成分分析做降维预处理,或者利用分层法指标构建模式汇聚为脆弱性分项指数后,再使用帕累托等级分析法估算脆弱性排名。

五、社会脆弱性定量研究的现状与展望

社会脆弱性的定量研究相对于自然脆弱性的定量研究而言,起步更晚。虽然目前社会脆弱性研究发展迅速,但是因为它的研究对象是复杂的社会巨系统,因此遇到的挑战还是比较严峻的。

(1) 社会脆弱性定量研究的发展离不开定性研究。我们可以发现,研究人员无论采用何种定量研究方法,脆弱性评价指标的选择与构建都是基础。搭建这一基础时,研究人员必须借助其储备的关于脆弱性影响要素的先验知识。而只有深入、扎实的定性研究才能为我们提供脆弱性影响因子作用于脆弱性的内在根源和路径,也只有定性研究才能帮助我们探寻新的脆弱性影响要素,进而丰富脆弱性定量研究人员的知识储备。但是,目前脆弱性定性研究发展相对缓慢,迫切需要拓展和提升。

(2) 社会脆弱性定量研究涉及的指标评价体系,因为受到研究人员先验知识的影响,会存在信息覆盖不全和信息重叠的问题。有研究者为追求指标体系的完备性,提出选择尽可能多的指标,但是这一计划的实施一方面会受到数据获取程度的制约,另一方面它也会严重干扰对脆弱性重要影响因子的识别。

(3) 社会脆弱性定量研究一般以社会经济类的统计数据为主,此类数据往往以行政单元为基础。研究人员在估算脆弱性综合指数时,实际是将数据做行政单元内的均值化处理,这导致行政单元内部的数据空间差异无法体现,从而模糊了脆弱性的实际分布规律。因此,未来的研究需要下沉到更精细的空间尺度,同时,需要在脆弱性定量研究中增加空间展示和空间分析,以期更好地展示脆弱性的分布格局与规律。

(4) 脆弱性指数具有一定的局限性,因为要生成单一指数,通常需要对不同种类的指标和数据进行标准化、缩放,以及通过不同的阈值进行评分、加权和汇总。这种处理手段是对脆弱性的简化表达,在此表达过程中不可避免地受到主观因素的干扰,同时,忽略了脆弱性产生过程中各影响要素间交互作用的复杂性和相互关联性。当然,这不仅是脆弱性指数的缺陷,亦是脆弱性定量研究存在的问题。此外,有一些评价指标对脆弱性具有模棱两可的作用,例如,高密度的医疗机构、公共服务以及基础设施能够保障当地居民快速获得医疗救援和物资援助,是适应能力和恢复能力的象征,可以减少当地脆弱性;但是,若上述设施又是暴露于灾害环境中的,若它们被破坏或功能失调,那么又会增加当地的脆弱性。因此,仅仅添加它们或为它们赋予每个局部情况的权重会出现误判的可能性。这样的指标是脆弱性定量研究中的难题,需要我们探索更妥当的处理方案,譬如采用分灾种、分等级场景、分设施级别等处理方式。

(5) 在脆弱性领域中,多尺度评估的研究正在兴起。在复杂理论和生态学领域中

出现的层级(hierarchy)概念为研究者探索人与环境耦合系统存在的跨尺度现象以及从中涌现的脆弱性提供了可行的分析视角与途径。层级概念有助于将复杂系统分解成在不同观测空间层面上发生相互作用的过程和结构，从而实现对复杂系统的全面、连续的检查，进而开展脆弱性领域中的多尺度分解与比较。关于层级和结构的讨论在脆弱性研究中出现得较多，但是，在已有的脆弱性概念模型中，空间尺度在层次结构上的分配是缺失的，或者它们没有被明确描述。因此，在未来的脆弱性研究中，我们需要在概念模型中探索如何恰当表达脆弱性的空间尺度特征，并探讨脆弱性在不同空间尺度中的变化规律。

第五章　社会脆弱性评估研究的应用

第一节　社会脆弱性评估的操作化流程

社会脆弱性的研究对象是社会系统，是一个开放的复杂巨系统，这无疑增加了对其展开量化研究的难度。值得庆幸的是，虽然社会脆弱性定量研究晚于自然脆弱性，但目前社会脆弱性方向的研究发展迅速。通过检索中国知网数据库发现，1989—2021 年间，以“社会脆弱性”为主题的国内文献发表一直保持上升趋势，尤其在 2004 年后，文献发表数量飞速增长(图 5－1)。

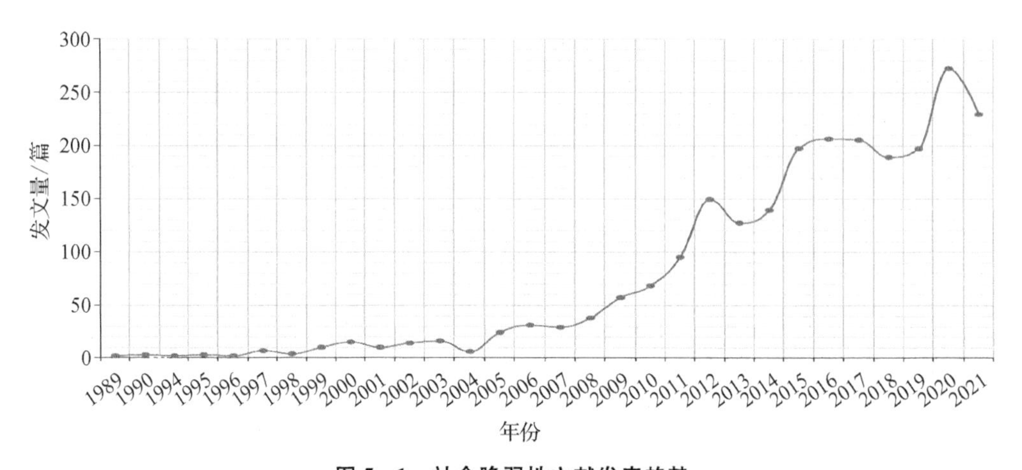

图 5－1　社会脆弱性文献发表趋势

通过对 Web of Science 学术数据库的检索发现，自 1964 年至今，以“社会脆弱性”为篇名的文献源自多种学科(图 5－2)，例如，生态环境科学(280 篇)、社会学(230 篇)、心理学(208 篇)、地理学(189 篇)、环境与职业公共卫生(178 篇)、气象学与大气科学(163 篇)、卫生保健与服务(147 篇)、水资源(124 篇)、地质学(117 篇)，以及其他主题的自然科学(112 篇)。

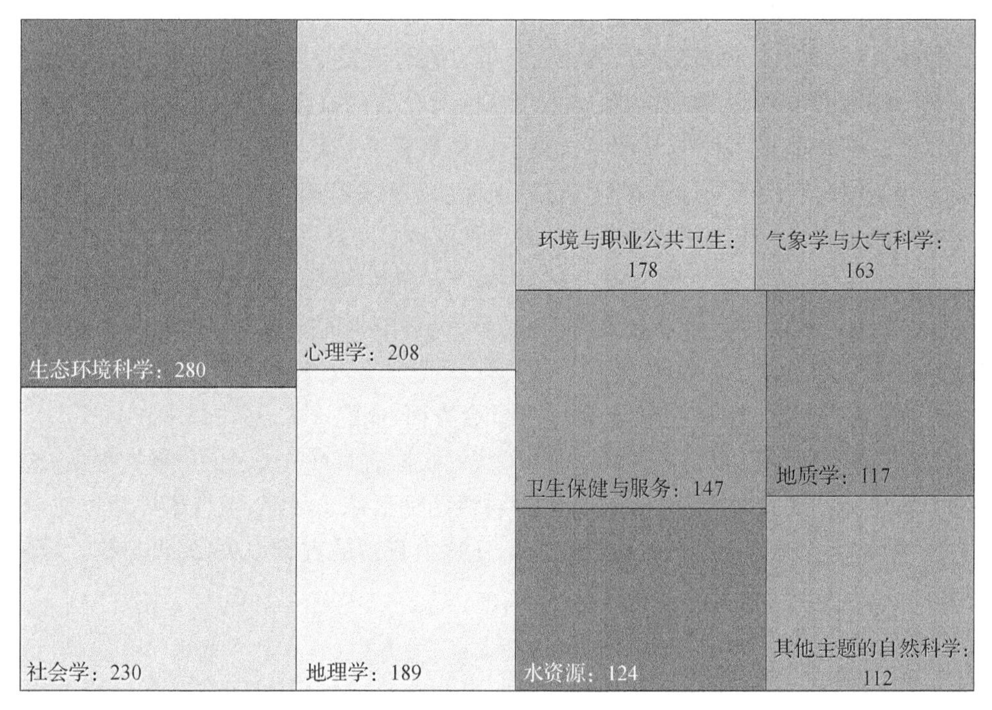

图5－2　社会脆弱性文献涉及的主要学术领域(单位:篇)

对不同领域文献的梳理与分析后发现，在进行社会脆弱性定量评估时，多数学者将演绎法与归纳法相结合，虽然构建的理论模型和应用的评估方法各异，但是基本遵循了如下的定量评估流程：

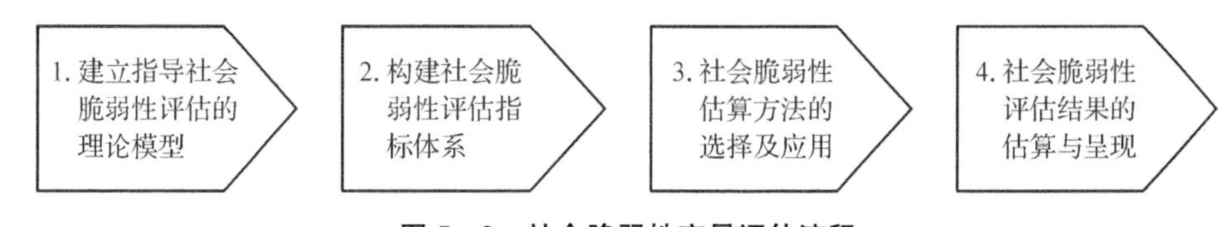

图5－3　社会脆弱性定量评估流程

基于上述社会脆弱性定量评估的一般流程，我们提出了如下文所示的社会脆弱性评估模式。本章涉及的两个案例即按照此评估模式展开研究。

1. 脆弱性理论模型的建立。

脆弱性理论模型(或称概念模型、分析框架)描述了影响脆弱性生成的根源、关键因素，以及彼此间的作用关系。它对于脆弱性分析和评估具有指导意义，并且对如何解决脆弱性也有重大影响，因此脆弱性理论模型的构建或选择十分重要。多数脆弱性理论模型遵循统一的研究假设，即灾害影响是人类与环境相互作用的结果。随着时间的推移，脆弱性理论模型越来越复杂化，但这种变化趋势反而局限了它对量化评估的指导作用。因此，我们吸取脆弱性研究领域中的三大经典模型，即“风险—灾害”模型、“压力—释放”模型和“地方—灾害”模型的核心思想，在此基础上提出了本章用于指导社会脆弱性评估案例研究的理论模型。

如图 5-4 所示，当自然灾害、气候变化等灾害事件发生时，包含环境、经济、社会三大子系统的承灾体系统(即地区)会呈现出该区域独有的暴露度、敏感性和适应性三大基本属性。在此理论模型中，暴露度既是承灾体暴露于灾害事件中的性质和程度，亦包含社会和制度固有特征导致防御能力欠缺而增加的暴露程度。所以这是一种更广泛意义上的潜在暴露性。模型中的敏感性反映了承灾体自身易受灾害事件影响的程度。它被认为是承灾体(包括地区、群体或个体)内在不平等性的外显形式。承灾体在环境、经济与社会维度上的不平等性将加剧他们在面对灾害事件时获取备灾、应灾与救灾资源和公共服务等方面的不平等性，进而导致他们承受灾害事件时的不平等性。适应性在此理论模型中特指"承灾体在环境、经济和社会方面，调配资源、运用技术、改变行为，从而响应和调整灾害事件所致不利后果的能力"。根据前面章节提及的脆弱性理论，这三大基本属性又可归为自然脆弱性和社会脆弱性两种形态。最终，灾害事件通过对承灾体的作用，将承灾体隐含的两种脆弱性形态外化为直观的灾难损失，即人口伤亡、经济损失等。

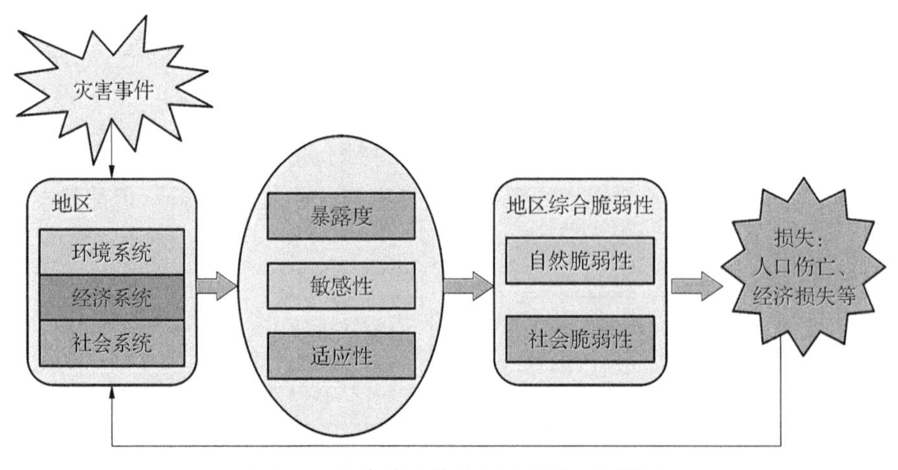

图 5-4　社会脆弱性评估研究的理论模型

2. 构建社会脆弱性评估指标体系。

虽然卡特以社会脆弱性理论和定性研究为基础，整理并确定了较为全面、经典的社会脆弱性评估指标体系，但由于地域的差异和数据获取的限制，实际应用中的社会脆弱性评估指标体系具有不同程度的差异性。需要指出的是，强求社会脆弱性评估指标体系的统一和完备是不符合现实状况的，因此本章的实例研究紧扣社会脆弱性三大基本属性，即暴露度、敏感性、适应性，结合研究区实际情况，灵活选择适宜的社会脆弱性评估指标。

3. 社会脆弱性评估方法的选择及应用。

本书第四章整理并分析了社会脆弱性评估的多种常用方法，例如主成分分析法、加权求和法、层次分析法等，同时介绍了较为小众的新兴方法，如数据包络分析法、帕累托等级分析法等。本章将另选一种新兴方法——投影寻踪聚类方法，进行社会脆弱性评估的案例研究。

20 世纪 70 年代以来，随着计算技术的发展和计算机的普及，涌现了诸多处理和分析高维数据的新兴统计方法，即对数据采用"审视—模拟—预测"流程的探索性数据分析(Exploratory Data Analysis，EDA)方法。投影寻踪(Projection Pursuit，PP)是其中一种很有价值的降维处理技术，它将统计学、应用数学与计算机科学紧密地联系起来，适宜处理非线性、非正态分布的数据，并能避免"维数祸根"，因此在许多领域都获得了应用。当然，基于 EDA 的投影寻踪方法也为社会脆弱性评估研究提供了一种全新的思路。投影寻踪方法最早由美国科学家克鲁斯卡尔(Kruskal)于 20 世纪 70 年代初提出并进行试验，他把高维数据投影到低维空间，从而发现了数据的聚类结构，并解决了化石分类问题。在此基础上，弗里德曼(Friedman)和图基(Tukey)于 1974 年建立了一种把整体散布程度和局部凝聚程度结合的新指标，将其用以聚类分析，并正式提出了投影寻踪的概念。1981 年，弗里德曼等人相继提出了投影寻踪回归模型、投影寻踪分类模型和投影寻踪密度函数估计。1985 年，胡贝尔(Huber)总结前人的研究成果，初步建立了投影寻踪模型在统计学中的独立运用体系。

投影寻踪方法利用计算机技术将高维数据通过某种组合，投影到低维(1—3 维)的可视空间上，从而获得一个初始模型。在此基础上，通常利用投影密度计算来构建投影指标函数，以衡量当前投影的优化程度。随后通过数值优化器，将构造的投影指标函数进行优化，以获取最佳投影方向。在这个投影方向下，投影到低维空间的点能够排除异常值的干扰，并能够最大限度地提取原高维数据的结构特征。由此，我们可以在低维空间上实现对高维数据结构的分析与研究。投影寻踪方法在实现有效降维的同时，还可以有效排除与数据结构及特征无关的或相关性小的变量的干扰，并且在处理数据时无须人为假定，不会损失大量有用的信息，能够自动找出数据的内在规律。将投影寻踪方法与传统分析方法如聚类分析相结合，就产生了投影寻踪聚类(Projection Pursuit Clustering，PPC)方法。投影寻踪聚类方法的上述特性非常适合应用于社会脆弱性的评估，并识别其中的主要影响因素。

本章将基于前文提及的社会脆弱性定量评估模式，通过"面向气候变化的社会脆弱性评估研究"和"自然灾害社会脆弱性的城乡差异研究"两个具体案例，呈现社会脆弱性定量评估研究的全过程。

第二节　面向气候变化的社会脆弱性评估研究

联合国政府间气候变化专门委员会(IPCC)第六次评估报告强调，由于人类的影响，全球气候正在快速发生变化，并且已经造成了生存环境的剧烈变化：北极海冰处于 150 多年来的最低水平；海平面上升速度超过了过去至少 3 000 年的任何时候；而冰川退化的速度是2 000年来前所未有的。极端天气和气候事件，如极端高温、强降雨、洪水、干旱以及野火，因为气候变化而变得更加严重和频繁。报告同时指出，我们已逐渐接近增温1.5℃的危险情境，而随着排放量的逐日增加，扭转气候变化最坏影响的前景变得更加暗淡。气候变化已经给人类生活的方方面面带来了广泛的不利影响，例如，居民消费、收入和财富分配、经济增长、人口迁移、人类健康与寿命、幸福感，以及政治稳定等。据测算，如果到2100年全球平均温度上升3.7℃，那么全球GDP将减少23%。

就我国而言，随着现代化和城市化进程的推进，承灾体变得更为敏感，孕灾环境又日趋复杂，气候变化正在成为阻碍我国可持续发展的高风险致灾因子。近年来，中国极端天气事件频发，强度不断增加。据统计，2008年至2018年间，中国农业受气候灾害影响而遭受了累计达9 760亿元人民币的经济损失，这占全球农业累计损失总量的55%。其中，旱灾是对中国农业影响最大的灾害，其次是洪涝和风雹等气象灾害。未来气候变化会引起气温和降水模式的改变，而这又将继续直接或间接造成农作物的减产。预计到2030年，季节性干旱可造成中国三大主粮作物(水稻、小麦和玉米)减产达8%。

全球风险分析公司梅普尔克罗夫特(Maplecroft)在2015年发布的气候变化脆弱性指数(CCVI)报告中称，中国大部分地区属于"高风险"类别，例如，中国沿海地区，由于地势平坦低矮，极易受到台风、风暴潮、洪水和海平面上升的影响。因此，气候变化使得沿海地区的致灾因子危险性急剧上升。自20世纪90年代以来，我国沿海地区各类海洋灾害造成的年均经济损失达130多亿元。1989—2009年这21年间，台风风暴潮造成沿海地区3 936人死亡，1 957人受伤，845.4万间房屋倒塌，1 300万顷农田成灾，累计直接经济损失2 486亿元。而2011—2020年间，中国台风累计直接损失已经达到6 561.8亿元，其价值相当于摩洛哥2020年全年的国内生产总值，是世界最不发达54个经济体产出之和。

与此同时，沿海地区作为中国经济发展的引擎，集聚了大量经济财富，也吸引了越来越多的人定居。目前，我国沿海区域汇集了70%以上的大城市，以占全国总面积14.06%的土地，承载了全国40%以上的人口，创造了全国70%的国民经济总产值，所以沿海地区又具有十分明显的高暴露特征。经济与合作组织的一项研究表明，如果对全球暴露于洪水风险中的沿海城市按照人口和社会资产排序，中国的广州、上海、天津、宁波等城市均位列风险最大的前20个城市之中。自改革开放以来，上海、天津、浙江、江苏和广东的沿海地区已经处于高强度开发状态，极大地影响了近岸海洋环境的自然规律，并带来生态退化等诸多问题。在气候变化和海平面上升的严峻形势下，我国这些发达城市在日趋频繁的气候灾害面前已经呈现出异常脆弱的一面。

面对气候变化不可避免的不利影响，一方面，我们需要减少人类活动对气候变化的影响，另一方面，我们应该积极探索适应气候变化的方式与方法，通过认识、评估并降低社会脆弱性，以建设一个能够吸收未来灾害打击和环境压力的更有韧性的社会，这也是人类社会实现可持续发展的重要途径之一。因此，我们应该加强对高风险区域(如我国沿海地区)社会脆弱性的研究，找到此类区域的脆弱因子，进而帮助地方政府规划缓冲气候变化风险、建设韧性社会的发展方案。

本案例以我国沿海地区为研究对象，借鉴前文所提的社会脆弱性定量评估模式来挖掘沿海地区气候变化社会脆弱性的主要影响因素，评估气候变化的社会脆弱性指数，在此基础上，展示其空间格局并寻找脆弱性热点区域。

一、建立面向气候变化的脆弱性理论模型

当图 5－4 所示的社会脆弱性评估研究的理论模型中的灾害事件具化为“气候变化”时，我们就可以得到本案例中“面向气候变化”的社会脆弱性理论模型（图 5－5）。在此模型中，包含环境、经济、社会三大组成部分的承灾体系统（即本案例中的沿海地区）将随着气候变化的特性，呈现与气候变化施压或打击相关的暴露度、敏感性与适应性。其中，暴露度最易受气候变化本身特性的影响，敏感性、适应性与气候变化的响应联系则是间接与内隐的。虽然灾害事件表现为气候变化时，自然脆弱性和社会脆弱性的外在形式会发生一定程度的改变，但其类别归属是不变的。最终，气候变化及其引发的气候灾害将两类脆弱性的外在形式以更为特征化的伤亡形式表现出来。

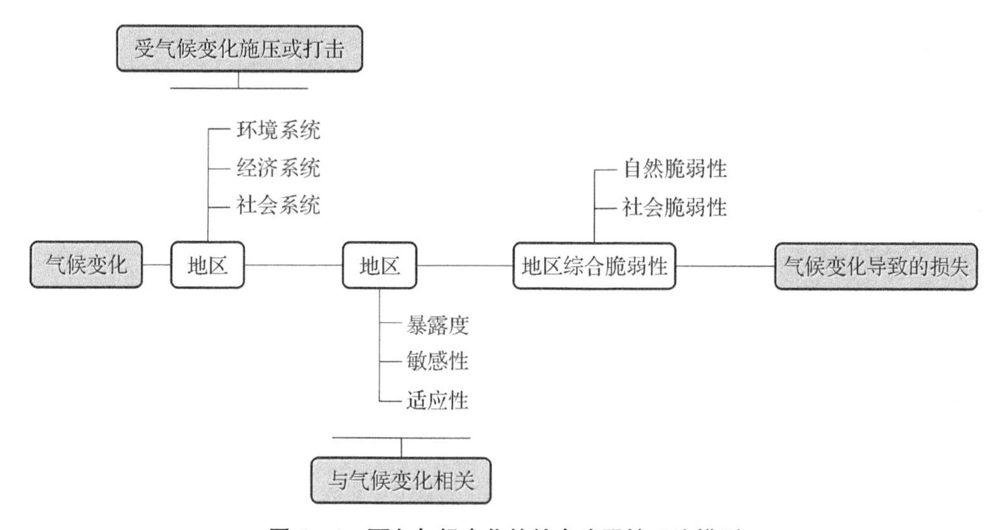

图 5－5　面向气候变化的社会脆弱性理论模型

二、构建面向气候变化的社会脆弱性评估指标体系

我们将遵循图 5－5 所示的理论模型进行面向气候变化的社会脆弱性评估指标体系的构建与分析。

1. 与暴露度相关的指标。

本案例研究从人口特征、经济水平和居住条件三个方面选择衡量承灾体暴露度的指标。

首先，就人口特征而言，人口密度高的地区会使气候灾害来临时的应急疏散和应急避难变得更为复杂也更加困难。同时，经历人口快速增长的地区往往面临环境资源和

公共服务资源的相对欠缺,因此我们选取"人口密度"和"人口自然增长率"作为上述暴露特征的反映。再者,就人口内部的群体特征而言,农民或渔民比其他群体更容易受到气候变化及气候灾害的影响,即暴露度更高。主要原因是此类群体的收入与自然资源获取情况密切相关,当自然资源获取的数量与质量因气候变化与气候灾害受到限制时,他们的生活将因此受到最直接、最严重的影响。受国内相关数据获取性的制约,我们无法得到区(县)层面的详细职业分类指标,考虑到第一产业从业人员与上述群体高度相关,并且他们比其他产业从业人员更容易受到气候变化的影响,我们选择"第一产业从业人员"这一指标来反映人口内部的暴露差异特性。

其次,就经济水平而言,一方面,经济水平是影响社会脆弱性的关键变量。地区综合减灾水平一般与经济水平呈正相关的关系,经济水平越高意味着灾前预防、灾中响应和灾后恢复的能力越强。但另一方面,经济水平越高也说明有更多的资产会暴露于危险的自然环境中,这意味着该地区在经历气候变化及气候灾害时具有更高的潜在损失,因而是高暴露度的象征。因此,我们选取"第一产业的国内生产总值(GDP)"和"地均GDP"两个统计指标来反映地区经济维度的暴露情况。

再次,就居住条件而言,住房是降低人群暴露在风险环境中的最直接、最基本的方式,费罗兹(Feroz)就曾在城市面向气候变化的脆弱性研究中指出,当人们的居住条件相对较差时,他们可能因为缺乏足够的生活空间或者因为无法享受安全卫生的生活设施,而更容易受到气候变化及气候灾害的不利影响。因此,我们选择了四个统计指标,即"住房内没有洗浴设施""住房内没有厕所""住房内没有自来水""住房内没有厨房"来衡量住房条件对承灾体暴露度的影响。

2. 与敏感性相关的指标。

敏感性其实是人类社会不同群体表现出的受灾差异性。我们在此案例研究中,主要从以下几个方面考虑。

首先,不同年龄段人群对气候变化的敏感度不同。例如,我们在第三章脆弱性老年主题的介绍中提及如下研究及观点:"随着年龄的增长,老年人的日常行动能力下降,这削弱了老年人在气候灾害中的逃生避难能力。"2005年美国"卡特里娜"飓风灾害的遇难者中,几乎有一半是老年人。同时,老年人多数患有慢性病和退行性疾病,这不仅使他们身体残疾或日常行动能力受限,还使其感官或认知能力下降,因而在气候变化导致的热浪灾害中亦表现出高于一般群体的死亡率。例如,在1995年芝加哥热浪事件中,超过700名居民因持续高温而丧生,其中大多数为老年人。目前,在北美、南美、南欧、北欧以及亚洲各地都有研究证实,65岁及以上人口的死亡率随夏季温度升高而上升。此外,儿童由于生理不成熟和发育变化,也更容易受到气候变化和气候灾害的影响,同样是脆弱群体的一种。

其次,在气候变化脆弱性分析中,性别差异也是一个不可忽视的因素。这一点我们在第三章性别差异主题的介绍中亦曾提及。例如,老年女性比男性更容易受到高温热浪的影响。在欧洲、澳大利亚和中国，对于高温热浪灾害，老年女性都表现出高于老年男性的脆弱性。此外，与其他国家一样，我国女性在家庭中承担着照顾者的职责，这种职责使女性在应对气候变化及气候灾害时面临相对更多的压力与挑战，女性群体的敏感性会因此上升。

再次，我们通过对前期社会群体脆弱性研究的梳理发现，单亲家庭往往因为经济水平相对较低，资源获取相对有限，因而在气候变化和气候灾害中表现得更为脆弱。同样，低收入群体，如文盲、失业者等，更有可能面临气候变化带来的高风险环境，并且相对疏于采取行动来降低或规避气候灾害风险，因此他们同样属于气候变化的敏感群体。

另外，与当地居民相比，新迁入的人口、少数民族由于可能的语言障碍、文化差异，以及社会联系、社会支持网络的相对欠缺，也会更容易受到气候变化的不利影响。

综上，我们选择了“儿童”“老年人”“家庭规模”“单亲家庭”“女性”“文盲”“失业人员”“租客”“少数民族”“从外县迁入的人口”“从外市迁入的人口”“从外省迁入的人口”共 12 个统计指标作为对气候变化敏感性的评价指标。

3. 与适应性相关的指标。

适应性是承灾体个体通过调节与改善身体特质、行为特质、认知特质等固有特征以便更好地适应变化的能力。当承灾体是区域时，适应性具体表现为该地区为居民提供适应变化的机会、资源和公共服务等具体途径的能力。为此，本案例研究从经济、教育、医疗服务三方面入手，进行适应性评价指标的选择。

首先，在气候变化和气候灾害来临时，良好的区域经济状况是该地区进行应急管理和恢复建设时资源供给丰沛的保障，也是减灾综合实力提升的基础，因此本案例选择“人均 GDP”来反映区域经济的平均水平。

其次，教育水平一向被认为是影响社会脆弱性的重要指标，它通常还与就业机会、社会地位、经济地位，甚至健康水平存在相关性。受教育水平较高的人群，往往具有相对较好的就业机会，从而带来更高的社会经济地位，可以获取相对更多预防和抵御气候变化及气候灾害的资源和途径。因此，本案例研究选取了“本科及以上人口”和“平均受教育年限”作为衡量地区教育水平差异的指标。

另外，考虑到我国城市居民在就业、教育、医疗卫生、住房保障等方面享有比农村居民相对更好的资源与服务，因此将“城市人口”指标作为适应性评价的增选指标。

此外，充足的医疗基础设施和管理服务有助于提高个体在经历气候变化和气候灾害时的抵御能力，有助于增强个体的恢复能力，进而缓解气候变化和气候灾害造成的不利影响，减轻直接经济损失和人员伤亡。因此，我们选择“每千人医院床位数”“每千人拥有医生数”“水利、环境和公共设施管理业的从业人员”三个统计指标来表征区域医疗服务状况和环境行业的管理服务状况。

在此基础上，我们依据 2010 年第六次全国人口普查数据库、中国统计年鉴数据库、中国社会经济发展统计数据库、《中国城市统计年鉴》以及相关城市统计年鉴，整理出全国 407 个沿海区县共含 28 个变量的评价指标体系(如表 5-1 所示)。所有变量数据首先转化为百分比、人均值或密度值,然后进行标准化处理,转化为无量纲的纯数值,便于后期比较和计算。为了避免指标间存在高度相关性,本研究先对所有指标进行多重共线性检验。随后,删除未通过检验的"家庭规模""从外省迁入的人口""平均受教育年限""城市人口"4 个指标。最终,共有 24 个变量被确定为评估气候变化社会脆弱性的指标。

表 5-1　气候变化社会脆弱性评估的指标体系

编号	指标变量	属性	要素	影响方式	筛选结果
1	人口密度	人口	暴露度	+	√
2	人口自然增长率(RNI)	人口	暴露度	+	√
3	第一产业从业人员	人口	暴露度	+	√
4	第一产业的国内生产总值(GDP)	经济	暴露度	+	√
5	地均 GDP	经济	暴露度	+	√
6	住房内没有洗浴设施	环境	暴露度	+	√
7	住房内没有厕所	环境	暴露度	+	√
8	住房内没有自来水	环境	暴露度	+	√
9	住房内没有厨房	环境	暴露度	+	√
10	儿童	人口	敏感性	+	√
11	老年人	人口	敏感性	+	√
12	家庭规模	人口	敏感性	+	×
13	单亲家庭	人口	敏感性	+	√
14	女性	人口	敏感性	+	√
15	文盲	人口	敏感性	+	√
16	失业人员	人口	敏感性	+	√
17	租客	人口	敏感性	+	√
18	少数民族	人口	敏感性	+	√
19	从外县迁入的人口	人口	敏感性	+	√
20	从外市迁入的人口	人口	敏感性	+	√
21	从外省迁入的人口	人口	敏感性	+	×
22	人均 GDP	经济	适应性	−	√
23	本科及以上人口	教育	适应性	−	√
24	平均受教育年限	教育	适应性	−	×
25	城市人口	教育	适应性	−	×

续 表

编号	指标变量	属性	要素	影响方式	筛选结果
26	每千人医院床位数	医疗服务	适应性	—	√
27	每千人拥有医生数	医疗服务	适应性	—	√
28	水利、环境和公共设施管理业的从业人员	医疗服务	适应性	—	√

注:"+"表示增加社会脆弱性的指标;"—"表示减少社会脆弱性的指标。"√"表示该指标参与社会脆弱性评估;"×"表示该指标不参与社会脆弱性评估。

三、研究区介绍

沿海地区是指有海岸线(大陆岸线和岛屿岸线)的地区。我国大陆沿海地区位于太平洋西岸以及亚欧大陆东部(未包括台湾沿海地区),海岸线北起辽东湾,南至北部湾,全长超过1.8万公里。据统计,我国大陆沿海地区总面积为125万平方公里,占陆地总面积的13%,涵盖了温带、亚热带和热带三个气候带。目前,沿海地区包括9个沿海省及自治区和2个直辖市,由北至南分别为辽宁省、天津市、河北省、山东省、江苏省、上海市、浙江省、福建省、广东省、广西壮族自治区和海南省。1978年改革开放后,我国的经济发展重心逐渐向沿海地区倾斜,因此该区域的城市建设不断加快、经济飞速发展,成为我国城市化水平最高的地区。因此,选择沿海地区作为评价气候变化社会脆弱性的研究区具有十分重要的现实意义和科学价值。

因研究需要,我们在《中国海洋统计年鉴(2019年)》所列沿海地区的基础上进行了微调,最终选择了54个城市作为案例研究区(如表5-2所示)。又因数据获取所限,海南省仅选择2个城市进行研究。此外,需要说明的是本研究的计算评估单元为区(县)级行政区。

表5-2 本案例研究区的基本信息

沿海地区	数量	沿海城市
辽宁省	6	丹东、大连、营口、盘锦、锦州、葫芦岛
天津市	1	
河北省	3	秦皇岛、唐山、沧州
山东省	7	滨州、东营、潍坊、烟台、威海、青岛、日照
江苏省	4	连云港、盐城、南通、苏州
上海市	1	
浙江省	7	嘉兴、杭州、绍兴、宁波、台州、温州、舟山
福建省	6	宁德、福州、莆田、泉州、厦门、漳州
广东省	14	潮州、汕头、揭阳、汕尾、惠州、深圳、东莞、广州、中山、珠海、江门、阳江、茂名、湛江

续 表

沿海地区	数量	沿海城市
广西壮族自治区	3	北海、钦州和防城港
海南省	2	海口、三亚

四、面向气候变化的社会脆弱性评估方法

在本实例研究中，应用投影寻踪聚类方法进行社会脆弱性指数评估的基本过程如下。

(1) 评估指标集的归一化处理。

由于社会脆弱性评估指标种类较多，并且各指标的量纲存在差别，因此，为了消除评估指标的量纲影响，我们在评估之前对指标数据进行极值归一化处理。

正性指标处理方法：

$$x(i,j)=[x^*(i,j)-x_{\min}(j)]/[x_{\max}(j)-x_{\min}(j)] \quad ①$$

负性指标处理方法：

$$x(i,j)=[x_{\max}(j)-x^*(i,j)]/[x_{\max}(j)-x_{\min}(j)] \quad ②$$

式①②中，$x^*(i,j)$为第 i 个样本第 j 个指标值，n 为样本个数(本案例中，$n=292$)，p 为指标变量个数(本案例中，$p=24$)。$x_{\max}(j)$、$x_{\min}(j)$分别为第 j 个指标值的最大值和最小值，$x(i,j)$为指标特征值归一化后的值。

(2) 构造投影指标函数 $Q(a)$。

构造投影指标函数是投影寻踪计算过程中的关键步骤。在社会脆弱性评估中，一般利用评估指标来直接构造投影指标函数，如在本案例中，把 24 维数据 $\{x(i,j)\mid i=1,2,\cdots,n;j=1,2,\cdots,p\}$ 综合成以 $a=\{a(1),a(2),a(3),\cdots,a(p)\}$ 为投影方向的一维投影值 $z(i)$。

$$z(i)=\sum_{j=1}^{p}a(j)\times x(i,j),i=1,2,3,\cdots,n \quad ③$$

式③中，$a(j)$对应投影方向，$a(j)\in[-1,1]$。投影值随投影方向 $a(j)$变化，不同的投影方向代表不同的数据结构特征，能够将高维数据集展现出最感兴趣的数据结构特征的投影方向是最优方向。在一维散点图中，最优投影方向表现为类间距离和局部密度同时满足最大值的视图。

(3) 通过求解投影指标函数最大化问题来寻找最优投影方向。

根据投影函数的特性，要求投影值 $z(i)$满足局部投影点尽可能密集。具体而言，投影点尽可能凝聚成若干个点团，但整体投影点团之间尽可能散开。因此，投影指标函数构造如下：

$$Q(a)=S_z D_z \quad ④$$

$$S_z = \sqrt{\sum_{i=1}^{n} \frac{[z(i) - E(z)]^2}{n-1}} \quad ⑤$$

$$D_z = \sum_{i=1}^{n} \sum_{j=1}^{n} [R - r(i,j)] \times u[R - r(i,j)] \quad ⑥$$

式中，S_z 是投影值 $z(i)$ 的标准差，D_z 是投影值 $z(i)$ 的局部密度，$E(z)$ 是投影值 $z(i)$ 的均值，R 是局部密度的窗口半径，与数据特征有关。R 的选取既要使窗口内包含的投影点平均个数足够多，以避免滑动平均偏差太大，又不能使它随着 n 的增大而增加太高。按照一般规律，R 可取值为 αS_z，其中 α 可以为 0.1，0.01，0.001 等，本案例取值为 $0.1S_z$。$r(i,j)$ 表示样本间的距离：$r(i,j) = |z(i) - z(j)|$。$u(t)$ 是单位阶跃函数：当 $r(i,j) < R$ 时，$u(t) = 1$；当 $r(i,j) \geqslant R$ 时，$u(t) = 0$。

当社会脆弱性评估指标的样本值给定时，投影指标函数只随投影方向的变化而变化，而其中的最佳投影方向可以最大可能地展现高维数据特征结构。因此，我们通过求解投影指标函数的最大值即可估计最佳投影方向：

$$\begin{cases} \max Q(a) = S_z D_z \\ \text{s.t.} \sum_{j=1}^{p} a^2(j) = 1 \end{cases} \quad ⑦$$

式⑦是一个复杂的非线性优化问题，本案例采用基于实数编码的加速遗传算法(Real-coded Accelerating Genetic Algorithm, RAGA)来求解最优投影方向 a^*。a^* 各分量的大小实际反映了各评估指标对社会脆弱性的影响程度，即相当于指标权重。

(4) 把最佳投影方向 a^* 代入式③，可得各样本点的投影值 $z^*(i)$，此投影值即为社会脆弱性指数(Social Vulnerability Index, SVI)。

(5) 根据式①，利用表 5－1 所列变量，分别计算暴露度指数[$EI(i)$]、敏感性指数[$SI(i)$]和适应性指数[$AI(i)$]。

$$EI(i) = \sum_{j=1}^{p} a(j) \times x(i,j), i = 1,2,\cdots,n; p = 1,2,\cdots,9 \quad ⑧$$

$$SI(i) = \sum_{j=1}^{p} a(j) \times x(i,j), i = 1,2,\cdots,n; p = 10,11,13,\cdots,20 \quad ⑨$$

$$AI(i) = \sum_{j=1}^{p} a(j) \times x(i,j), i = 1,2,\cdots,n; p = 22,23,26,27,28 \quad ⑩$$

五、结果分析

1. 社会脆弱性指标权重结果及其意义。

通过应用投影寻踪聚类方法，我们获得了气候变化社会脆弱性指标权重值，如表 5－3 所示。可以发现，在我们所选择的所有指标中，“住房内没有厕所”对社会脆弱性指数的相对贡献最大，其权重值为0.375。这说明住房环境的卫生与便利对于降低本案例研究中的社会脆弱性是很重要的。指标“从外市迁入的人口”对社会脆弱性的贡献最小，其值为0.035。这表明，人口在省内迁移所面临的气候适应性问题并不突出，因此迁移不是关键的社会脆弱性影响因素。

表5-3　气候变化社会脆弱性指标权重值

序号	指标变量	属性	要素	影响方式	权重值
1	住房内没有厕所	环境	暴露度	+	0.375
2	住房内没有洗浴设施	环境	暴露度	+	0.366
3	第一产业从业人员	人口	暴露度	+	0.337
4	住房内没有自来水	环境	暴露度	+	0.321
5	第一产业的国内生产总值(GDP)	经济	暴露度	+	0.296
6	儿童	人口	敏感性	+	0.292
7	住房内没有厨房	环境	暴露度	+	0.232
8	人口自然增长率(RNI)	人口	暴露度	+	0.214
9	水利、环境和公共设施管理业的从业人员	医疗服务	适应性	−	0.206
10	本科及以上人口	教育	适应性	−	0.197
11	每千人拥有医生数	医疗服务	适应性	−	0.161
12	人口密度	人口	暴露度	+	0.156
13	少数民族	人口	敏感性	+	0.123
14	每千人医院床位数	医疗服务	适应性	−	0.123
15	人均GDP	经济	适应性	−	0.121
16	老年人	人口	敏感性	+	0.116
17	单亲家庭	人口	敏感性	+	0.108
18	失业人员	人口	敏感性	+	0.102
19	女性	人口	敏感性	+	0.093
20	从外县迁入的人口	人口	敏感性	+	0.072
21	文盲	人口	敏感性	+	0.064
22	地均GDP	经济	暴露度	+	0.051
23	租客	人口	敏感性	+	0.036
24	从外市迁入的人口	人口	敏感性	+	0.035

在所有指标中，对气候变化社会脆弱性影响排名前十的指标分别是“住房内没有厕所”“住房内没有洗浴设施”“第一产业从业人员”“住房内没有自来水”“第一产业的国内生产总值(GDP)”“儿童”“住房内没有厨房”“人口自然增长率(RNI)”“水利、环境和公

共设施管理业的从业人员""本科及以上人口"。它们占社会脆弱性指数构成的67.54%,对社会脆弱性具有重要影响力。其中,有4项指标与住房条件有关,这说明沿海地区的政府应加强住房建设与发展,为当地居民提供满足生活所需的住房环境,因为此项公共服务能有效降低居民在气候变化不利影响中的暴露程度。与第一产业相关的2项指标也进入了前十名,可见为了有效控制社会脆弱性,确切而言是为了降低暴露度,沿海地区的产业结构和韧性亟待调整与提升。

此外,在前10名指标中,有7个指标属于暴露度要素,1个指标属于敏感性要素,2个指标属于适应性要素,暴露度指标占了70%。在最后10名指标中,敏感性要素指标有8个,占据了80%的比例。这表明,在本研究时段中,沿海地区的社会脆弱性主要由当地对气候变化及气候灾害的暴露情况所决定,人类社会本身的敏感性对社会脆弱性的影响并不突出。

2. 社会脆弱性计算结果及其空间格局。

为了详细了解整个沿海地区社会脆弱性指数及其组成要素(暴露度、敏感性和适应性)的分布状况,我们将估算得到的四类指数做了直方图(图5-6)。由图可知,沿海地区的区(县)暴露度指数多数集中位于0.300至0.400之间,直方图呈现明显的对称单峰特征。区(县)的敏感性指数多分布于0.300至0.700之间,直方图呈现较明显的偏左单峰特征,即整个研究区的敏感性指数低值较多。适应性指数集中在0.040至0.100之间,直方图亦呈现典型的偏左单峰特征,说明研究区的区(县)适应性水平普遍较低,这是一种不太乐观的分布状况,亟需我们重视并加以改善。社会脆弱性指数是对上述三种组成要素的综合,可以发现它呈现了轻微偏左的单峰特征,表明我国沿海地区面向气候变化的社会脆弱性不是特别严重。

3. 四类指数的基本统计特征。

我们按照研究区省级行政区域进行分类,计算了暴露度、敏感性、适应性和社会脆弱性四类指数的基本统计特征,并展示于图5-7中。由此可获得的相关信息包括以下几点。

(1) 暴露度。在整个研究区中,广西壮族自治区的中位数最大,达到0.429;上海市的中位数最小,为0.268①。这说明,就住房条件、第一产业从业人员和第一产业国内生产总值三个方面来看,广西壮族自治区的平均暴露度是最大的,而上海市各区的暴露度普遍较低。另一方面,箱线图的上四分位数和下四分位数之差反映各省区(县)暴露度波动最大的是广东省;波动程度较小的是河北省。综上,广西壮族自治区需要采取必要措施降低整体暴露度,而广东省需要重点关注省内高暴露区(县)。

(2) 敏感性。广西壮族自治区的中位数依然高居首位,达到1.480,所以在本案例以人口特征为主的敏感性测量中,广西壮族自治区(县)的敏感性平均水平依然是

① 因海南省只有2个样本,因此不参与四类指数的详细分析与比较。

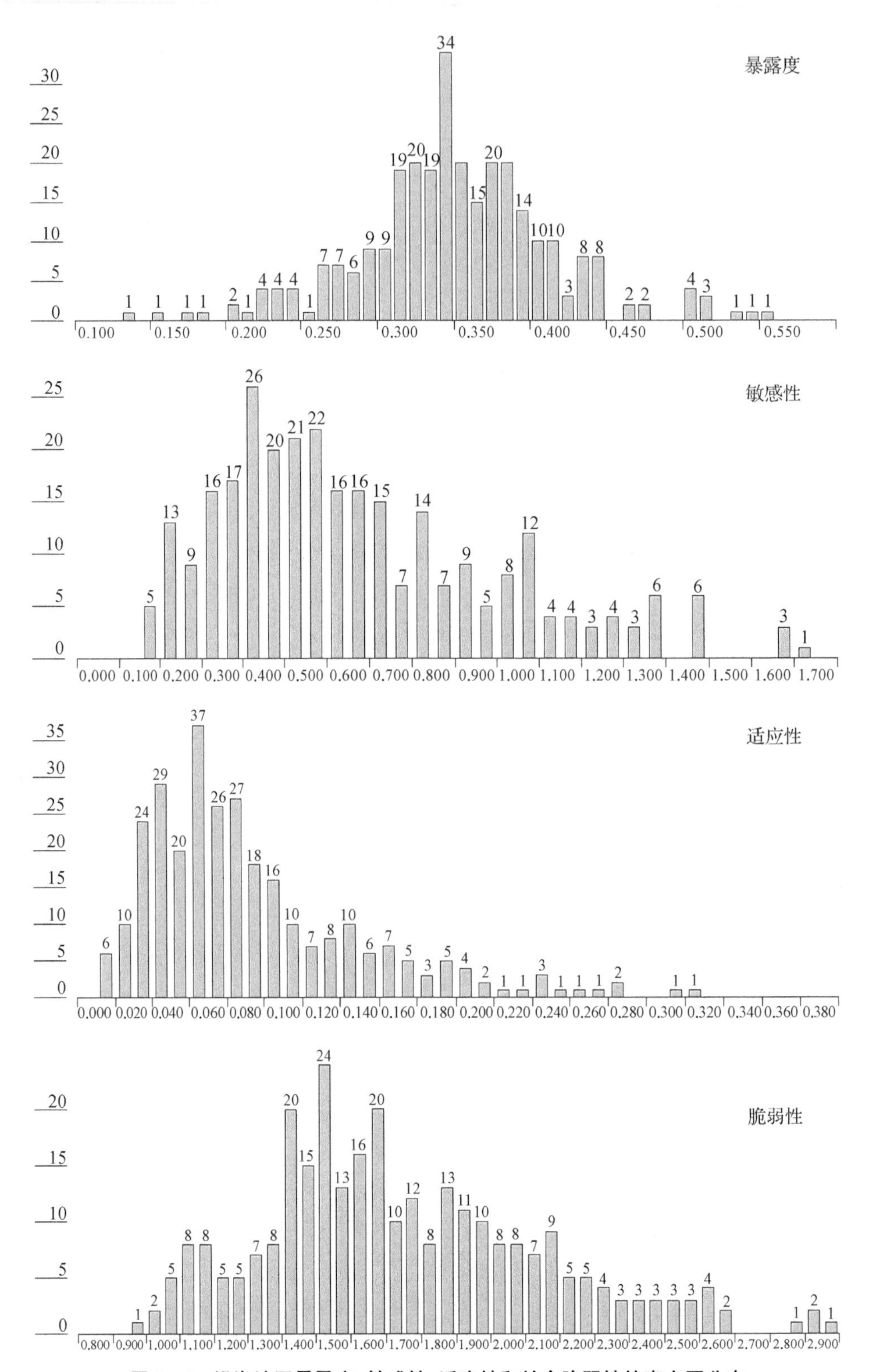

图 5-6 沿海地区暴露度、敏感性、适应性和社会脆弱性的直方图分布

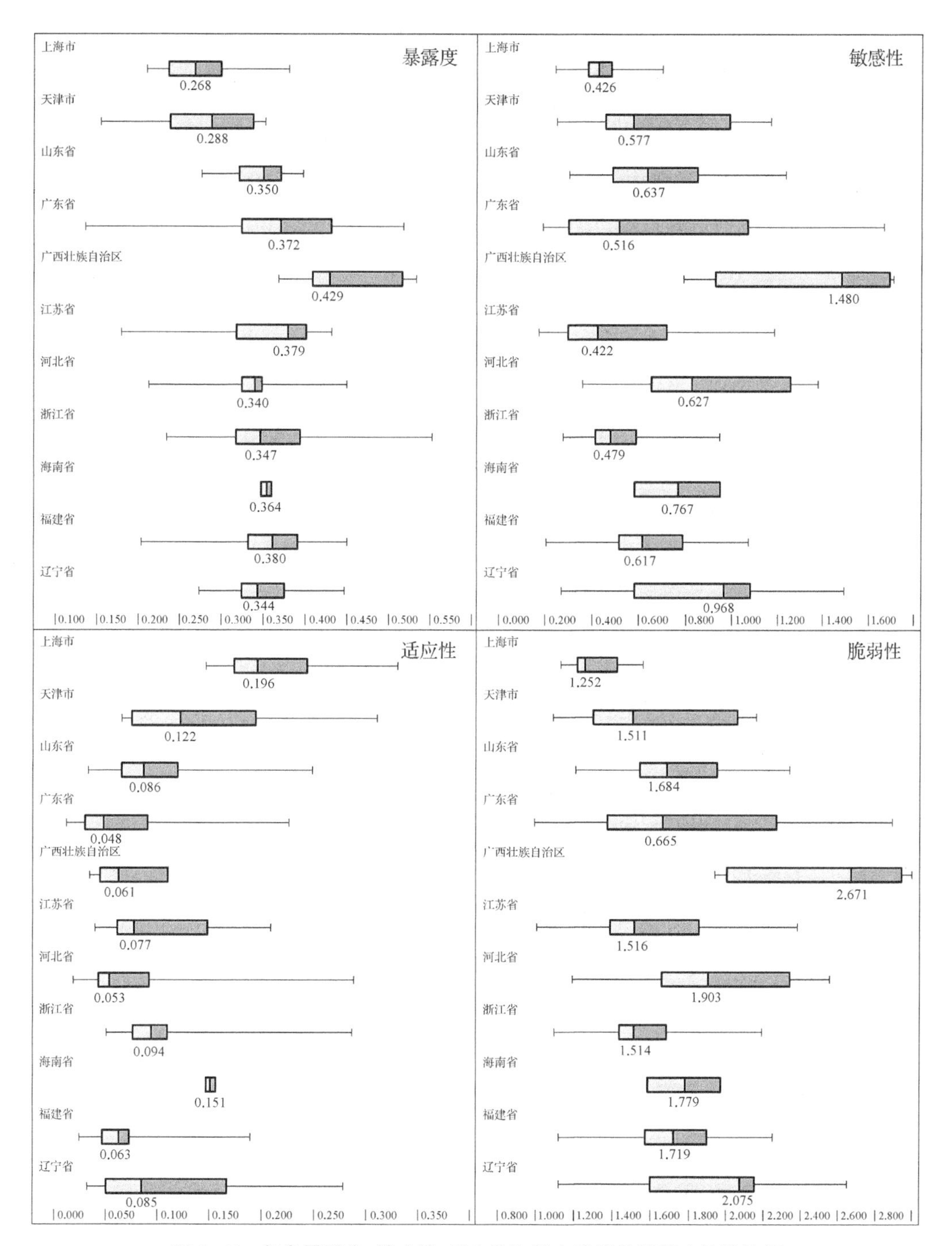

图 5-7 各省暴露度、敏感性、适应性和社会脆弱性的基本统计特征

最大的；江苏省和上海市的敏感性相对理想，中位数分别为 0.422 和 0.426。广东省和广西壮族自治区(县)的敏感性差异居于前列；上海市和浙江省区(县)之间的敏感性变化很小。综上，广西壮族自治区既需要调控整体暴露度，又需要重点关注个别薄弱区

(县);而广东省则需要重视省内相关区(县)的敏感群体服务。

(3) 适应性。在整个研究区中,上海市各区的适应性普遍较高,其适应性中位数高居首位,为 0.196;中位数最低值和次低值分别出现在广东省和河北省,为 0.048 和 0.053。广东省适应性较低的可能原因是本案例仅对该省沿海的 14 个城市进行研究统计,具体包括广州、深圳、珠海、汕头、江门、湛江、茂名、惠州、汕尾、阳江、东莞、中山、潮州、揭阳。其中的部分城市在经历极速发展以及外来人口大量迁入后,与教育和公共基础设施供给为主的适应性服务发展尚未及时跟进,属于相对的适应性偏低。当然,无论相对还是绝对适应性偏低,我们都需要结合表 5-3 中适应性所对应的指标进行针对性建设。此外,天津市和辽宁省区(县)的适应性差异较大,那些低适应地区应是我们在今后风险管理中重点关注的对象。

(4) 社会脆弱性。暴露度和敏感性对社会脆弱性有正向作用,适应性则能遏制社会脆弱性的增长。三者综合之后得到的结果是广西壮族自治区(县)的社会脆弱性普遍较高,表现为中位数最大,为 2.671;上海市各区的社会脆弱性大多较低,因此中位数最小,为 1.252。在研究区各省中,社会脆弱性差异性较大的前三名为广西壮族自治区、广东省和天津市。

为了更好地展示气候变化社会脆弱性及其组成要素在沿海各地的空间差异,我们利用地理信息系统软件 QGIS 2.14.10 进行专题图制作,采用自然断点分级法(Natural Breaks Classification)将四类指数分为"低""较低""中等""较高""高"五类,使其类内差异最小,类间差异最大。由此得到我国沿海地区面向气候变化的暴露度、敏感性、适应性和社会脆弱性空间格局。为尽可能保留空间特征,同时也为满足呈现方式的相关要求,我们将空间格局结果分析整理后,以沿海地区各省(直辖市)为分类标准,绘制出对应城市的社会脆弱性及其组成结构的详细图谱[图 5-8(a)至(i)],其中,单元格代表区(县)的社会脆弱性及其组成结构的数值。

城市	社会脆弱性	暴露度	敏感性	适应性	城市	社会脆弱性	暴露度	敏感性	适应性
大连市	1.174	0.341	0.286	0.262	锦州市	1.600	0.376	0.583	0.167
	2.089	0.324	1.041	0.085		1.600	0.376	0.583	0.167
	2.109	0.348	1.080	0.128		2.118	0.342	1.014	0.047
	2.111	0.344	1.039	0.081		2.151	0.351	1.031	0.041
	2.216	0.320	1.165	0.078		2.649	0.385	1.494	0.039
丹东市	1.436	0.373	0.436	0.182	盘锦市	1.119	0.319	0.269	0.278
	1.806	0.328	0.753	0.084		1.941	0.312	0.870	0.050
	2.070	0.447	0.898	0.084		2.075	0.273	1.098	0.105
	2.172	0.399	1.048	0.084	营口市	1.327	0.342	0.348	0.172
葫芦岛市	1.819	0.373	0.744	0.107		1.472	0.292	0.538	0.167
	2.123	0.436	0.968	0.090		1.768	0.313	0.730	0.085
	2.419	0.399	1.251	0.040		2.207	0.331	1.107	0.040
	2.549	0.405	1.366	0.032					

图例 脆弱性:低 较低 中等 较高 高 暴露度:低 较低 中等 较高 高
敏感性:低 较低 中等 较高 高 适应性:低 较低 中等 较高 高

图 5-8(a) 辽宁省社会脆弱性及其组成结构(暴露度、敏感性、适应性)图谱

城市	社会脆弱性	暴露度	敏感性	适应性	城市	社会脆弱性	暴露度	敏感性	适应性
沧州市	1.327	0.337	0.419	0.230	秦皇岛市	1.193	0.316	0.356	0.288
	1.659	0.333	0.607	0.090		2.338	0.327	1.264	0.061
	1.785	0.340	0.686	0.051		2.458	0.321	1.377	0.049
	1.824	0.361	0.692	0.037		2.487	0.346	1.367	0.034
	1.878	0.388	0.715	0.034		2.553	0.450	1.340	0.046
	1.881	0.348	0.816	0.093	唐山市	1.377	0.325	0.398	0.154
	1.967	0.336	0.865	0.043		1.459	0.345	0.416	0.111
	2.024	0.327	0.941	0.053		1.509	0.301	0.490	0.092
	2.176	0.325	1.061	0.019		1.528	0.213	0.654	0.148
	2.209	0.374	1.069	0.043		1.611	0.345	0.535	0.078
	2.223	0.353	1.094	0.033		1.734	0.291	0.703	0.069
	2.376	0.347	1.259	0.038		1.892	0.344	0.803	0.064
	2.447	0.314	1.368	0.044		1.895	0.360	0.827	0.101
	2.448	0.344	1.325	0.030		1.903	0.344	0.800	0.050
	2.460	0.320	1.379	0.048		1.912	0.330	0.841	0.068
						2.173	0.364	1.070	0.069

注：图例同图 5－8(a)。

图 5－8(b)　河北省社会脆弱性及其组成结构(暴露度、敏感性、适应性)图谱

城市	社会脆弱性	暴露度	敏感性	适应性	城市	社会脆弱性	暴露度	敏感性	适应性
天津市	1.090	0.343	0.249	0.311	上海市	1.129	0.300	0.239	0.220
	1.093	0.155	0.323	0.194		1.159	0.332	0.348	0.330
	1.298	0.238	0.455	0.205		1.214	0.274	0.388	0.257
	1.427	0.299	0.469	0.150		1.231	0.236	0.428	0.243
	1.491	0.227	0.577	0.122		1.252	0.222	0.416	0.196
	1.511	0.286	0.490	0.075		1.382	0.268	0.479	0.174
	1.527	0.243	0.612	0.137		1.423	0.380	0.426	0.193
	1.667	0.352	0.602	0.096		1.544	0.239	0.642	0.147
	2.059	0.337	0.990	0.077		1.558	0.209	0.698	0.159
	2.106	0.289	1.083	0.075					
	2.162	0.250	1.169	0.065					

注：图例同图 5－8(a)。

图 5－8(c)　天津市和上海市社会脆弱性及其组成结构(暴露度、敏感性、适应性)图谱

城市	社会脆弱性	暴露度	敏感性	适应性	城市	社会脆弱性	暴露度	敏感性	适应性
滨州市	1.608	0.323	0.552	0.076	威海市	1.223	0.276	0.302	0.164
	1.655	0.342	0.680	0.176		1.428	0.315	0.446	0.141
	1.793	0.355	0.723	0.095		1.460	0.321	0.447	0.117
	1.830	0.375	0.731	0.085		1.489	0.307	0.473	0.100
	1.951	0.350	0.849	0.057	潍坊市	1.464	0.371	0.349	0.064
	2.322	0.370	1.176	0.033		1.570	0.330	0.571	0.141
	2.338	0.357	1.235	0.063		1.625	0.358	0.545	0.087
东营市	1.389	0.316	0.513	0.248		1.642	0.343	0.576	0.086
	1.620	0.368	0.561	0.117		1.794	0.381	0.687	0.083
	1.648	0.352	0.629	0.142		1.951	0.350	0.849	0.056
	1.992	0.378	0.902	0.097		2.000	0.371	0.889	0.069
青岛市	1.208	0.314	0.328	0.243		2.059	0.335	0.996	0.081
	1.499	0.360	0.414	0.085		2.129	0.340	1.047	0.068
	1.543	0.397	0.441	0.103	烟台市	1.253	0.281	0.347	0.184
	1.548	0.385	0.439	0.085		1.522	0.307	0.537	0.130
	1.682	0.358	0.614	0.099		1.557	0.344	0.487	0.083
	1.912	0.376	0.784	0.058		1.686	0.361	0.618	0.101
日照市	1.692	0.354	0.644	0.115		1.735	0.349	0.777	0.201
	2.129	0.377	1.004	0.060		1.773	0.319	0.709	0.065
	2.265	0.386	1.123	0.053		1.892	0.326	0.821	0.065
						2.021	0.315	1.017	0.120
						2.180	0.308	1.111	0.048

注：图例同图 5－8(a)。

图 5－8(d)　山东省社会脆弱性及其组成结构(暴露度、敏感性、适应性)图谱

城市	社会脆弱性	暴露度	敏感性	适应性	城市	社会脆弱性	暴露度	敏感性	适应性
连云港市	1.532	0.334	0.546	0.157	苏州市	1.006	0.179	0.193	0.176
	1.852	0.403	0.716	0.077		1.087	0.270	0.174	0.166
	1.908	0.418	0.729	0.048		1.121	0.266	0.194	0.148
	2.259	0.397	1.092	0.039		1.149	0.281	0.206	0.147
	2.380	0.432	0.186	0.047		1.166	0.262	0.303	0.209
南通市	1.149	0.305	0.231	0.195		1.182	0.260	0.229	0.116
	1.419	0.401	0.297	0.088	盐城市	1.393	0.318	0.416	0.149
	1.420	0.393	0.295	0.078		1.488	0.337	0.443	0.092
	1.420	0.393	0.295	0.078		1.498	0.361	0.402	0.075
	1.503	0.408	0.348	0.062		1.557	0.378	0.431	0.061
	1.528	0.382	0.404	0.067		1.671	0.338	0.574	0.050
	1.576	0.402	0.429	0.064		1.673	0.363	0.571	0.070
	1.617	0.397	0.500	0.088		2.046	0.389	0.893	0.044
						2.050	0.380	0.916	0.055
						2.070	0.408	0.914	0.061

注:图例同图 5－8(a)。

图 5－8(e) 江苏省社会脆弱性及其组成结构(暴露度、敏感性、适应性)图谱

城市	社会脆弱性	暴露度	敏感性	适应性	城市	社会脆弱性	暴露度	敏感性	适应性
杭州市	1.095	0.295	0.278	0.287	绍兴市	1.340	0.318	0.381	0.168
	1.409	0.347	0.376	0.123		1.488	0.336	0.443	0.100
	1.422	0.352	0.381	0.121		1.512	0.354	0.439	0.089
	1.439	0.399	0.340	0.109		1.591	0.277	0.589	0.084
	1.498	0.387	0.419	0.116		1.634	0.347	0.544	0.065
	1.645	0.416	0.524	0.104		1.789	0.377	0.701	0.097
	1.867	0.469	0.686	0.097	台州市	1.486	0.340	0.431	0.094
嘉兴市	1.340	0.325	0.313	0.106		1.578	0.322	0.519	0.072
	1.378	0.320	0.340	0.091		1.685	0.415	0.549	0.088
	1.402	0.308	0.360	0.075		1.717	0.325	0.662	0.078
	1.416	0.313	0.375	0.081		1.831	0.435	0.661	0.074
	1.430	0.348	0.372	0.099		2.033	0.480	0.823	0.079
	1.437	0.311	0.451	0.135		2.192	0.510	0.949	0.076
宁波市	1.314	0.274	0.431	0.200	温州市	1.435	0.235	0.486	0.094
	1.507	0.336	0.479	0.117		1.509	0.387	0.373	0.060
	1.507	0.258	0.566	0.126		1.514	0.347	0.427	0.068
	1.508	0.315	0.470	0.086		1.576	0.408	0.413	0.055
	1.547	0.394	0.452	0.108		1.684	0.338	0.607	0.070
	1.590	0.271	0.590	0.079		1.720	0.504	0.514	0.107
	1.664	0.364	0.574	0.083		1.777	0.393	0.626	0.050
舟山市	1.438	0.337	0.437	0.145		1.882	0.553	0.581	0.061
	1.521	0.318	0.488	0.094		2.002	0.543	0.721	0.071
	1.676	0.351	0.677	0.162					

注:图例同图 5－8(a)。

图 5－8(f) 浙江省社会脆弱性及其组成结构(暴露度、敏感性、适应性)图谱

城市	社会脆弱性	暴露度	敏感性	适应性	城市	社会脆弱性	暴露度	敏感性	适应性
福州市	1.122	0.299	0.203	0.189	泉州市	1.392	0.204	0.445	0.065
	1.416	0.334	0.398	0.126		1.504	0.224	0.517	0.046
	1.452	0.341	0.355	0.052		1.539	0.301	0.563	0.135
	1.654	0.390	0.528	0.072		1.539	0.301	0.563	0.135
	1.665	0.391	0.504	0.039		1.558	0.312	0.485	0.048
	1.709	0.381	0.585	0.066		1.712	0.348	0.614	0.059
	1.828	0.415	0.675	0.072		1.741	0.356	0.635	0.058
	1.890	0.450	0.681	0.049		1.793	0.380	0.669	0.065
	2.067	0.395	0.932	0.069		1.941	0.345	0.825	0.037
宁德市	1.602	0.390	0.511	0.107	厦门市	1.252	0.266	0.332	0.156
	1.713	0.396	0.565	0.057	漳州市	1.444	0.315	0.459	0.139
	1.725	0.420	0.568	0.071		1.622	0.342	0.537	0.066
	1.761	0.380	0.640	0.067		1.626	0.323	0.581	0.087
	1.808	0.442	0.630	0.073		1.666	0.300	0.621	0.063
	1.862	0.372	0.724	0.043		1.896	0.332	0.816	0.062
	1.865	0.367	0.749	0.061		1.936	0.351	0.800	0.024
	1.933	0.365	0.816	0.056		1.950	0.375	0.812	0.046
	1.972	0.416	0.787	0.040		1.957	0.334	0.859	0.046
莆田市	1.575	0.387	0.456	0.078		2.095	0.343	0.989	0.046
	1.892	0.425	0.698	0.041		2.246	0.399	1.076	0.038

注:图例同图 5－8(a)。

图 5－8(g) 福建省社会脆弱性及其组成结构(暴露度、敏感性、适应性)图谱

城市	社会脆弱性	暴露度	敏感性	适应性	城市	社会脆弱性	暴露度	敏感性	适应性
潮州市	1.217	0.357	0.190	0.140	茂名市	1.711	0.368	0.634	0.100
	1.495	0.373	0.335	0.021		2.342	0.446	1.134	0.047
	1.915	0.436	0.700	0.030		2.509	0.518	1.222	0.041
东莞市	1.107	0.136	0.239	0.077		2.541	0.470	1.284	0.022
广州市	1.046	0.260	0.202	0.225		2.552	0.410	1.377	0.045
	1.141	0.246	0.257	0.172		2.555	0.431	1.345	0.030
	1.191	0.269	0.232	0.118	汕头市	1.413	0.372	0.270	0.038
	1.375	0.286	0.383	0.103		1.456	0.426	0.269	0.049
	1.516	0.360	0.457	0.110		1.655	0.412	0.503	0.070
惠州市	1.316	0.285	0.304	0.081	汕尾市	1.504	0.369	0.374	0.048
	1.595	0.333	0.507	0.054		1.665	0.376	0.520	0.041
	1.660	0.390	0.495	0.033		1.682	0.506	0.387	0.020
	1.965	0.414	0.823	0.081		2.175	0.504	0.876	0.014
江门市	1.193	0.298	0.219	0.133	阳江市	1.603	0.355	0.516	0.077
	1.397	0.300	0.351	0.063		2.187	0.332	1.072	0.027
	1.405	0.331	0.350	0.085		2.284	0.433	1.081	0.039
	1.633	0.386	0.489	0.050		2.351	0.349	1.217	0.023
	1.757	0.324	0.691	0.067	湛江市	1.759	0.370	0.720	0.139
	1.783	0.357	0.655	0.038		2.296	0.432	1.080	0.024
揭阳市	1.282	0.341	0.194	0.062		2.628	0.384	1.478	0.044
	1.697	0.402	0.518	0.032		2.649	0.409	1.466	0.034
	1.812	0.442	0.577	0.017		2.697	0.423	1.497	0.031
	1.995	0.433	0.771	0.018		2.893	0.444	1.666	0.027
	2.267	0.512	0.959	0.012	珠海市	1.060	0.242	0.218	0.208
深圳市	0.991	0.185	0.212	0.215		1.347	0.298	0.330	0.090
中山市	1.175	0.221	0.235	0.090					

注:图例同图 5－8(a)。

图 5－8(h)　广东省社会脆弱性及其组成结构(暴露度、敏感性、适应性)图谱

省份	城市	社会脆弱性	暴露度	敏感性	适应性
广西壮族自治区	北海市	1.995	0.368	0.929	0.110
		2.649	0.409	1.475	0.044
	防城港市	1.939	0.415	0.789	0.074
		2.003	0.390	0.915	0.110
		2.998	0.533	1.709	0.054
	钦州市	2.694	0.469	1.485	0.069
		2.911	0.443	1.693	0.034
		2.943	0.516	1.654	0.036
海南省	海口市	1.586	0.347	0.585	0.156
	三亚市	1.972	0.360	0.950	0.147

注:图例同图 5－8(a)。

图 5－8(i)　广西壮族自治区与海南省社会脆弱性及其组成结构(暴露度、敏感性、适应性)图谱

相对于图 5－7,图 5－8 更为全面地保留并展现了研究区各城市在社会脆弱性及其组成结构的细节差异性,可以发现:

(1) 长三角和珠三角总体表现最佳,例如,长三角地区的苏州、南通、杭州、嘉兴、宁波、舟山等城市,以及位于珠三角的广州、珠海、深圳、东莞等城市,在面对气候变化时普遍具有低暴露度、低敏感性、高适应性和低社会脆弱性的特征,此外,位于长三角的上海市(直辖市)也比京津冀地区的天津市(直辖市)具有更优异的表现。

(2) 沿海地区的暴露度、敏感性和社会脆弱性空间格局具有较高的相似性,例如,辽东湾(包括辽宁省的大连、营口、盘锦、锦州和葫芦岛等 5 个城市)和北部湾周边地区(即广西壮族自治区的北海市、钦州市、防城港市,广东省的湛江市、茂名市、阳江市,海南省的海口市)表现出最高水平的暴露度、敏感性和社会脆弱性。山东半岛即青岛、烟台、潍坊、威海、日照5市的各区(县)表现出相对较高的暴露度、敏感性和社会脆弱性。东南部地区如福州、宁德等城市的多数区(县)具有中等级别的暴露度、敏感性和社会脆弱性。

(3) 沿海地区的适应性空间格局与暴露度、敏感性和社会脆弱性三者的分布格局差异性较大:除长三角和珠三角地区外,大多数区(县)的适应性较差。参照表5-3,适应性指数的相关指标为:"水利、环境和公共设施管理业的从业人员""本科及以上人口""每千人拥有医生数""每千人医院床位数""人均GDP"。因此,在适应性较差的沿海地区,我们应该在管理、教育、医疗和地方经济等方面加强资源投入,开展更多的相关工作。

4. 社会脆弱性的空间自相关分析。

在空间统计分析中,通过相关分析可以检测两种现象(统计量)的变化是否存在相关性,若所分析的统计量为不同观察对象的同一属性变量,则称之为自相关。空间自相关(Spatial Autocorrelation)用于衡量一个区域单元上的某种地理现象或某一属性值与邻近区域上同一现象或属性值的相关性,是一种检测与量化从多个标定点中取样值变异的空间依赖性的空间统计方法。几乎所有空间数据都具有空间依赖或空间自相关的特征,因此空间自相关分析在很多领域都有广泛的应用,例如,地理学、生态学、经济学、流行病学等。

空间自相关分为空间正相关与空间负相关两种:当某一检测样点属性值高,而相邻点同一属性值也高时,为空间正相关;当样点属性值高,而相邻点同一属性值低时,为空间负相关。当空间自相关仅与两个位置间的距离有关时,称为各向同性;当空间自相关随两个位置间的距离和方向而变化时,称为各向异性。空间自相关方法可分为两种类型,包括全局空间自相关(Global Spatial Autocorrelation)与局部空间自相关(Local Spatial Autocorrelation)。全局空间自相关可以判断某现象在空间是否有聚集特性存在,衡量该现象空间自相关的程度。但是,它仅能得知整体型态是否呈现自相关,而无法得知某现象在区域内何处存在不寻常、独特的互动关系。局部空间自相关可以解决全局空间自相关的统计限制,可帮助掌握某现象的空间异质性特征,计算每个空间单元与邻近单元就某现象的相关程度,推算出研究区域内某现象聚集地(Spatial Hotspot)的空间范围。

现今空间自相关分析已发展出许多不同的计算方法。在全局空间自相关方面,有Global Moran's I(全局莫兰指数)、Geary's C法及Getis统计法等;在局部空间自相关方面,则有Local Moran's I(局部莫兰指数)、Getis-Ord G_i^*等方法。其中,Getis-Ord G_i^*由圣地亚哥州立大学地理系的阿瑟·格蒂斯(Arthur Getis)和美国乔治敦大学麦克多诺商学院的基思·奥德(Keith Ord)提出,是目前常用的热点分析方法,它能反映空间数据统计意义上显著的高值或低值聚集的情况,并能准确地探测出聚集区域的位置。为了识别出社会脆弱性分布中具有统计显著性的热点和冷点区域,本案例将基于Getis-Ord G_i^*算法对社会脆弱性做热点分析。

Getis-Ord G_i^* 的计算公式如下：

$$G_i^*(d)=\frac{\sum_{j=1}^{n} w_{ij}(d)x_j}{\sum_{j=1}^{n} x_j} j=i \quad ⑪$$

式⑪中，$w_{ij}(d)$ 是距离 d 内的空间相邻权重值。如果 j 是在与测量点 i 距离 d 的范围内，则 $w_{ij}(d)=1$；如果 j 不在与测量点 i 距离 d 范围内，则 $w_{ij}(d)=0$。x_i 、x_j 分别表示变量 x 在测量点 i、j 的属性值；n 表示空间单元总数。

为便于比较和解释，常常求得 G_i^* 的标准化检验统计量 $Z(G_i^*)$：

$$Z(G_i^*)=\frac{G_i^*-E(G_i^*)}{\sqrt{S(G_i^*)}} \quad ⑫$$

式⑫中，G_i^* 为 Getis-Ord 局部统计量，$E(G_i^*)$ 为 G_i^* 的期望，$S(G_i^*)$ 为 G_i^* 的方差，$Z(G_i^*)$ 是 G_i^* 的标准化检验统计量。当 $Z(G_i^*)$ 值高且为正时，表示存在一个高值的空间聚类，即热点；反之则为冷点。

我们基于 QGIS 2.14.10 实现了上述计算过程，并采用标准差分级方法将 G_i^* 标准化统计量按照从低到高分成七类，其空间格局特征表明我国沿海地区面向气候变化的社会脆弱性分布存在明显的冷点和热点（详见表 5－4）：

表 5－4　基于 Getis-Ord Gi* 算法的社会脆弱性冷热点分布状况

类别	区内城市	总面积（km^2）	$Z(G_i^*)$ 值分布范围
热带区(1)	葫芦岛、秦皇岛	15 342.1	2.41～3.44
热带区(2)	防城港、钦州、北海、湛江、茂名、阳江	48 229.1	2.04～5.56
冷点区(1)	南通、苏州、上海、嘉兴、杭州	25 717.0	－3.60～－2.64
冷点区(2)	东莞、广州、惠州、江门、深圳、中山、珠海	41 014.0	－3.45～－2.10

(1) 在我国沿海地区的北部，具体而言，在辽东湾，包括葫芦岛和秦皇岛两个城市，存在第一个热点区。该地区聚集了社会脆弱性高值。第二个热点位于我国南部沿海地区，即北部湾沿岸，包含防城港、钦州、北海、湛江、茂名、阳江等城市。上述热点区域极易受气候变化影响，其特点是高暴露度、高敏感性和低适应性。在未来气候变化情景下，两类区域的发展将面临高风险、高压力。

(2) 社会脆弱性冷点区域也有两个，其一位于长三角地区，包括南通、苏州、上海、嘉兴、杭州等城市。其二位于珠三角地区，包括东莞、广州、惠州、江门、深圳、中山、珠海等城市。上述两个冷点区域代表着社会脆弱性低值的空间聚类区，包括低暴露度、低敏感性和中高级别的适应性。综上，这两类区域面临的气候变化风险和压力也是整个研究区最低的，其发展模式更符合韧性发展的标准。

六、结论与讨论

首先，本案例研究识别了沿海地区气候变化社会脆弱性的影响因子并确定了它们的影响程度。研究发现，在本案例所构建的指标体系中，对社会脆弱性影响排名前十的指标分别是："住房内没有厕所""住房内没有洗浴设施""第一产业从业人员""住房内没有自来水""第一产业的国内生产总值(GDP)""儿童""住房内没有厨房""人口自然增长率(RNI)""水利、环境和公共设施管理业的从业人员""本科及以上人口"。它们占社会脆弱性指数构成的67.54%，是对当地的社会脆弱性具有相对更多影响的指标。同时，在前10名指标中，有7个指标属于暴露度要素，1个指标属于敏感性要素，2个指标属于适应性要素。在最后10名指标中，敏感性要素的指标占据了80%的比例。这表明，沿海地区的社会脆弱性主要由当地与气候变化、气候灾害相关的暴露情况所决定(本案例所选指标其实反映的是间接暴露程度)。此外，本案例中人类社会的敏感性对社会脆弱性的影响并不突出。上述结论可为地方政府降低社会脆弱性提供基准参考。例如，① 发展基础设施和公共服务以便为更多的居民提供适宜的住房、卫生设施等，这有助于居民抵御气候变化带来的不利影响。② 高暴露的第一产业在气候变化中会面临相对更高的风险，因此一方面我们需要增强第一产业自身应对气候变化的综合能力，另一方面需要地方政府合理调整产业结构，从而构筑高韧性的经济与社会发展模式。③ 我们需要增加面向儿童的公共服务供给，为儿童提供充足的保护措施，并帮助儿童应对气候变化所带来的风险与挑战。④ 发展教育，培养并增强沿海地区居民的气候风险意识和应对能力。

其次，利用地理信息系统软件QGIS 2.14.10对社会脆弱性及其组成要素(暴露度、敏感性和适应性)做空间分析，并以沿海地区各省(直辖市)为分类标准，绘制出对应城市的社会脆弱性及其组成结构的详细图谱。研究结果表明：① 沿海地区大多数区(县)在暴露度、敏感性、适应性和社会脆弱性方面呈现出"中"或"中低"水平，这表明研究区气候变化社会脆弱性并不是特别严重，属于可控或可接受的风险等级，不需要进行严格的风险规避。② 在本研究区内，暴露度、敏感性和社会脆弱性的空间格局相似度较高，例如，辽东湾(包括辽宁省的大连、营口、盘锦、锦州和葫芦岛等五个城市)和北部湾周边地区(即广西壮族自治区的北海市、钦州市、防城港市，广东省的湛江市、茂名市、阳江市，海南省的海口市)的区(县)都表现出最高水平的暴露度、敏感性和社会脆弱性。山东半岛即青岛、烟台、潍坊、威海、日照五市的各区(县)表现出相对较高的暴露度、敏感性和社会脆弱性。东南部地区如福州、宁德等城市的多数区(县)具有中等暴露度、敏感性和社会脆弱性。而适应性的空间分布格局则与上述三者不同：除长三角和珠三角地区外，大多数区(县)的适应性较差。

再次，基于Getis-Ord Gi^*算法对社会脆弱性做热点分析后，我们检测到沿海地区的两个热点和两个冷点。热点一在辽东湾，热点二在北部湾沿岸。两个热点地区都极易受到气候变化的影响，其特点是高社会脆弱性，即高暴露度、高敏感性和低适应性。冷点一在长三角地区，冷点二在珠三角地区，它们的特点是低社会脆弱性，主要是低暴露度、低敏感性和中高适应性。

当然，我们的研究也有局限性：① 社会脆弱性发展至今，对其测量评估仍然缺乏一致的指标，本案例研究也不例外。② 数据可获取性通常是影响社会脆弱性评估指标选择的最关键因素，尤其是针对区（县）或镇一级的社会脆弱性评估研究。为了获得更多的区（县）级指标，我们使用了 2010 年的数据，这是我们开展此次研究时可以获得的最新数据。但是，时效性并没有得到很好的保证。③ 由于数据的限制，我们的研究未能包括所有可衡量社会脆弱性的最佳评估指标。例如，“工业商业和工业建筑密度”指标没有包括在内，因此用“GDP 密度”指标代替。“就业率”指标也缺失。最终筛选出 28 个指标，其中 4 个指标因高度相关而未纳入最终的社会脆弱性估算研究。虽然，使用灾害损失作为社会脆弱性的验证是一种可行方法，但这种方法首先必须获取与社会脆弱性评估相匹配的区（县）级灾害损失数据，这目前无法实现。其次，该方法其实假设损失均匀分布在研究区的评估单元内，而未考虑单元内越脆弱的人类群体或地区将会遭受更多的损失。因此，这种验证本身存在问题，也就无法很好地说明社会脆弱性评估的正确与否。虽然我们的研究结果没有被直接验证，但可以利用陈文方和苏世亮两位学者各自的研究成果进行间接佐证。

第三节　自然灾害社会脆弱性的城乡差异研究

自 1978 年改革开放以来，我国经历了迅速且广泛的城市化进程，城市化率已从 1978 年的 17.92%提高到 2020 年底的 63.89%，预计 2035 年至 2045 年将达到 70%。总体而言，我国城市化受到人口城镇化和土地城镇化两种力量的共同推动。以 2000—2010 年为例，我国城镇人口增加了 1 亿，城镇人口年均增长率接近 4%，是总人口增长率的 5 倍。而在城镇新增人口当中，约有 43%是进城务工的农村人口，另有 42%是因城镇区域扩张导致城镇边缘地区的农业人口被纳入城镇人口统计，城镇人口自然增长仅占 15%。

虽然我国城市化过程中，存在土地城镇化与人口城镇化不协调、建设用地粗放低效的问题，我国城市化对工业化和经济增长的推动还是显而易见的。2019 年，不断发展的城市为超过 2.9 亿移民提供了就业机会和生活居所，并使 5 亿多人摆脱了贫困。同时，国家大力投资城市基础设施建设，帮助人口流入地区提供适应人口增长趋势的公共服务和基础设施。

当然，挑战与机遇共存于我国的城市化进程中。由于我国曾经的城市化发展重城市轻农村、偏离城乡协调发展规律，因此产生了城乡发展不平衡、城乡收入差距持续扩大的现象，并引发其他社会问题。例如，城市吸收了大量年轻的农村劳动力，留守农村的多为女性和年老体弱者。而在城市，当增加的人口和资产不得不向城市高风险地区集中时，边缘化的流动人口首当其冲，他们会面临相对更高的灾害风险，而应对手段却相对匮乏。流动性增加的城市社会同时也承受着支持性社交网络的萎缩与退化，由此产生的社会区隔和社会分裂导致城市社会风险的增加。

自然灾害的负面影响因城市化而变得复杂，而我们又缺乏对城市化与灾害脆弱性关系的充分了解。主流观点认为，城市化会促使人类社会暴露于灾害中的可能性增加，进而导致脆弱性增加。例如，有学者指出城市化过程中快速的社会空间变化是造成贫困和脆弱性的根本原因。联合国政府间气候变化专门委员会发布的《管理极端事件和灾害风险，推进气候变化适应》特别报告（SREX）指出，城市化导致高度脆弱社区的出现，这种现象在发展中国家尤为明显。徐（Xu）和高桥（Takahashi）指出，城市化进程中城乡接合部的增长改变了脆弱群体的风险和脆弱性的社会空间分布。也有部分学者指出，城市化可以对脆弱性产生积极影响。例如，阿杰（Adger）等人认为城市化可能对区域整体适应能力产生积极的影响。卡多纳等人亦强调“城市化的类型和城市化发生的背景决定了这一过程是否有助于增加或减少人类社会的脆弱性”。加尔沙根（Garschagen）和罗梅罗・蓝考（Romero-Lankao）指出，城市化的高密度发展可以使灾害风险管理更加高效。同时，城市化是降低新兴中上层阶级群体脆弱性的重要推动力，这种力量在转型国家表现得尤为突出。

在此背景下，我们有必要开展自然灾害社会脆弱性的城乡差异研究，以辨析城市化对灾害社会脆弱性的复杂影响，并在此基础上思考相关措施以针对性规避灾害风险，推动我国城市的韧性化发展。本案例沿用前一案例中的投影寻踪聚类（PPC）方法进行社会脆弱性评估，再重点围绕以下三个问题展开社会脆弱性的城乡差异性研究：

（1）在城市化进程中，我国城市和农村社会脆弱性发生了哪些变化？

（2）2000—2010 年，我国社会脆弱性城乡差异的空间格局和变异性是怎样的？

（3）2000—2010 年，我国的城市化是否有助于降低城市社会脆弱性或降低农村社会脆弱性？

一、研究数据

为了识别我国快速城市化过程中社会脆弱性的时空变化，本案例研究选取了 2000 年和 2010 年的全国人口普查数据。2020 年 11 月 1 日，我国开始第七次全国人口普查。在本研究开展时，我们暂未获得此最新数据，所以研究数据的时效性有所欠缺。

我国行政区划由五级地方政府组成：省（如省、自治区）、地（如市、自治州）、县（如区、县、县级市、自治县、旗）、乡、村。考虑到这种行政区划体系结构和本案例的统计要求，我们收集了来自人口普查的县级数据进行研究分析。为了识别城乡差异，又因为农村数据的相对缺失，所以我们在本案例研究中做了一个折中处理：将市辖区数据合并为一类，用于评估地级行政区的城市社会脆弱性；将其他县级数据合并为另一类，以此近似代表农村状况，用于评估同一地级行政区的农村社会脆弱性①。经合并处理后共获

① 实际上，本案例中归并处理后得到的这两类研究对象是同一地级城市中，城市化率相对高的区域与城市化率相对低的区域。这样的近似处理是本案例研究中的不足之处。

得 349 个地级行政区城市样本和 349 个地级行政区农村样本，这是本案例围绕社会脆弱性展开城乡差异对比研究的基础。

二、建立自然灾害的脆弱性理论模型

当图 5-4 所示的社会脆弱性评估研究的理论模型中的灾害事件具化为“自然灾害”时，我们将其转化为本案例中的自然灾害社会脆弱性理论模型(图 5-9)。在此模型中，包含环境、经济、社会三大组成部分的承灾体系统将随着自然灾害的特性，呈现与灾害打击相关的暴露度、敏感性与适应性。其中，暴露度最易受灾种变化的影响，不同灾种的暴露度表现形式各异，而本案例并未针对特定的自然灾害，因此本理论模型暂不考虑暴露度。

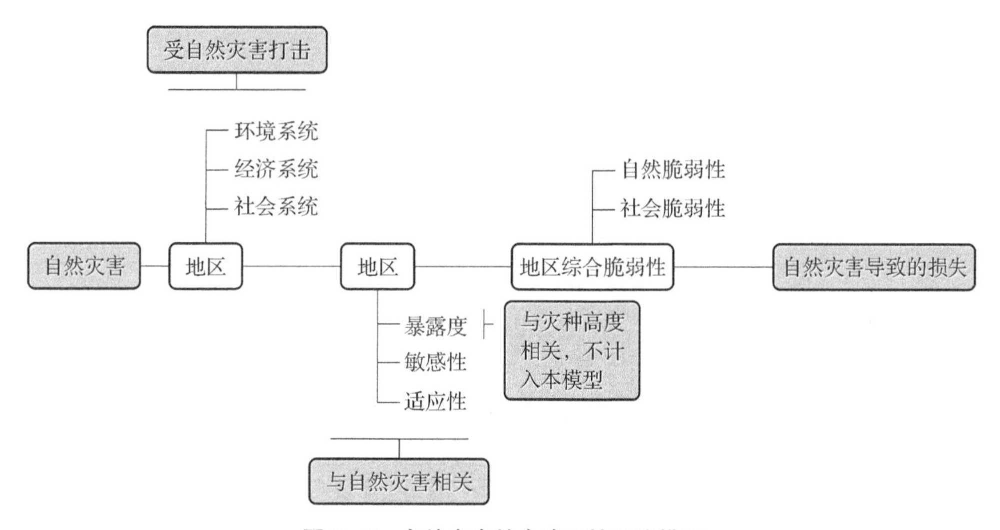

图 5-9 自然灾害社会脆弱性理论模型

三、构建自然灾害的社会脆弱性评估指标体系

灾害社会脆弱性前期研究表明，影响社会脆弱性的因素是复杂多样的，包括人口特征、社会经济地位、社会不平等和空间不平等多个方面。我们以卡特提出的环境灾害社会脆弱性评估指标体系为基础，结合我国的实际情况，并充分考虑数据的可获取性，构建了本案例研究所需的灾害社会脆弱性评估指标体系。将所选指标进行相关性分析，并去除高度相关的干扰指标，最后确定了 20 个变量(表 5-5)。

本案例围绕灾害所选择的评估指标体系与前一案例围绕气候变化所确定的指标体系具有相似性，原因之一是受限于数据可获取性，原因之二是本案例未针对特定的自然灾害灾种，在理论模型设计时已将暴露度排除考虑，因而构建评估指标体系时做了对应的简化处理，即基本未涉及暴露度的相关指标选择，仅对具有灾种共通性的敏感性和适应性两个维度进行考虑。因此，本案例所选指标出现了与气候变化社会脆弱性评估指标重合较多的结果。

表 5-5　自然灾害社会脆弱性评估的指标体系

编号	影响因素	变量	要素	影响方式	变量解释
1	年龄	儿童	敏感性	＋	14岁及以下儿童比例(%)
2		老年人	敏感性	＋	65岁及以上老年人比例(%)
3	性别	女性	敏感性	＋	女性比例(%)
4	民族	少数民族	敏感性	＋	少数民族比例(%)
5	移民	外地迁入人口	敏感性	＋	从外省、外市和外县迁入人口比例(%)
6	就业状况	失业人员	敏感性	＋	失业者比例(%)
7	居住状况	租客	敏感性	＋	租赁者比例(%)
8	教育	本科及以上人口	适应性	－	大学本科及以上者比例(%)
9		文盲	敏感性	＋	文盲占15岁及以上人口的比重(%)
10	职业属性	第一产业从业人员	敏感性	＋	第一产业从业人员比例(%)
11		健康行业从业人员	适应性	－	卫生、社会保障和福利业从业人员比例(%)
12	人口压力	人口增长	敏感性	＋	人口自然增长率(RNI)
13	家庭属性	家庭规模	敏感性	＋	户规模(人/户)
14		婚姻状况	敏感性	＋	离异及丧偶者比例(%)
15	居所环境	住所状况	适应性	－	人均住房建筑面积
16		住房内有自来水	适应性	－	住房内有自来水的住户比例(%)
17		住房内有厨房	适应性	－	住房内有厨房的住户比例(%)
18		住房内有厕所	适应性	－	住房内有厕所的住户比例(%)
19		住房内有洗浴设施	适应性	－	住房内有洗浴设施的住户比例(%)
20	社会依赖度	特殊群体的社会依赖度	敏感性	＋	无法独立生活者占15岁及以上人口的比重(%)

注:“＋”表示增加社会脆弱性的指标;“－”表示减少社会脆弱性的指标。

四、面向自然灾害的社会脆弱性评估方法

本案例同样采用投影寻踪聚类(PPC)方法进行社会脆弱性评估,所以此处不再赘述具体步骤,将直接进行灾害社会脆弱性评估的结果分析。

此外,本案例关注灾害社会脆弱性的城乡差异状况,因此我们利用下述公式构建了一个新指数——社会脆弱性城乡差异指数:

$$SVI_D(i)=SVI_R(i)-SVI_U(i),i=1,2,\cdots,n \tag{13}$$

式⑬中，$SVI_D(i)$ 表示社会脆弱性城乡差异指数；$SVI_R(i)$ 表示农村地区的社会脆弱性指数；$SVI_U(i)$ 表示城市地区的社会脆弱性指数。

五、结果分析

1. 社会脆弱性指标权重。

通过使用投影寻踪聚类方法，我们估算得到了灾害社会脆弱性每一指标变量的权重值，如表 5－6 所示。

表 5－6　灾害社会脆弱性指标权重值

序号	指标变量	要素	权重值	权重占比
1	儿童	敏感性	0.338	9.69%
2	老年人	敏感性	0.000 000 05	0.00%
3	女性	敏感性	0.000 000 2	0.00%
4	少数民族	敏感性	0.293	8.39%
5	外地迁入人口	敏感性	0.000 000 1	0.00%
6	失业人员	敏感性	0.000 000 2	0.00%
7	租客	敏感性	0.000 000 01	0.00%
8	本科及以上人口	适应性	0.193	5.54%
9	文盲	敏感性	0.172	4.93%
10	第一产业从业人员	敏感性	0.442	12.69%
11	健康行业从业人员	适应性	0.193	5.54%
12	人口增长	敏感性	0.156	4.47%
13	家庭规模	敏感性	0.237	6.81%
14	婚姻状况	敏感性	0.052	1.48%
15	住所状况	适应性	0.000 02	0.00%
16	住房内有自来水	适应性	0.296	8.48%
17	住房内有厨房	适应性	0.203	5.82%
18	住房内有厕所	适应性	0.304	8.73%
19	住房内有洗浴设施	适应性	0.380	10.91%
20	特殊群体的社会依赖度	敏感性	0.227	6.52%

研究结果表明，在本案例所构建的指标体系中，对灾害社会脆弱性影响最大的前五个变量分别是“第一产业从业人员”“住房内有洗浴设施”“儿童”“住房内有厕所”“住房内有自来水”，它们解释了 50.5%的社会脆弱性指数差异。在这五个变量中，“第一产业从业人员”的权重值最大，为 0.442，解释了社会脆弱性变化的 12.69%，说明它对社会脆

弱性的影响最大。有六个变量对社会脆弱性的变化贡献不大，它们是“老年人”“女性”“外地迁入人口”“失业人员”“租客”“住所状况”，这六个变量共同解释了社会脆弱性变化的 0.001%。

2. 城乡社会脆弱性的时空变化分析。

我们将估算得到的城市和农村社会脆弱性指数按照七大行政地理分区进行分类，计算了各个分区在 2000 年和 2010 年城乡社会脆弱性的基本统计特征，并展示于图 5－10中。

由图 5－10 可获得的相关信息包括以下几点。

（1）就同年城市与农村社会脆弱性而言，在 2000 年，东北、华北地区的城市社会脆弱性中位数低于农村社会脆弱性，其他五区的城市社会脆弱性中位数反而高于农村社会脆弱性。华中、华南、西北三区城市社会脆弱性的区内差异小于农村社会脆弱性，东北、华北两区城市社会脆弱性的区内差异大于农村社会脆弱性，华东和西南两区的社会脆弱性区内差异在城乡之间的变化不明显。在 2010 年，华北和西南两区的城市社会脆弱性中位数低于农村社会脆弱性，其他五区城市社会脆弱性整体水平高于农村。另一方面，相对于同期农村地区，东北、华东、华北三区的城市社会脆弱性区内差异增大，华南和西南两区的城市社会脆弱性区内差异明显减小，华中和西北的城乡区内差异基本持平。

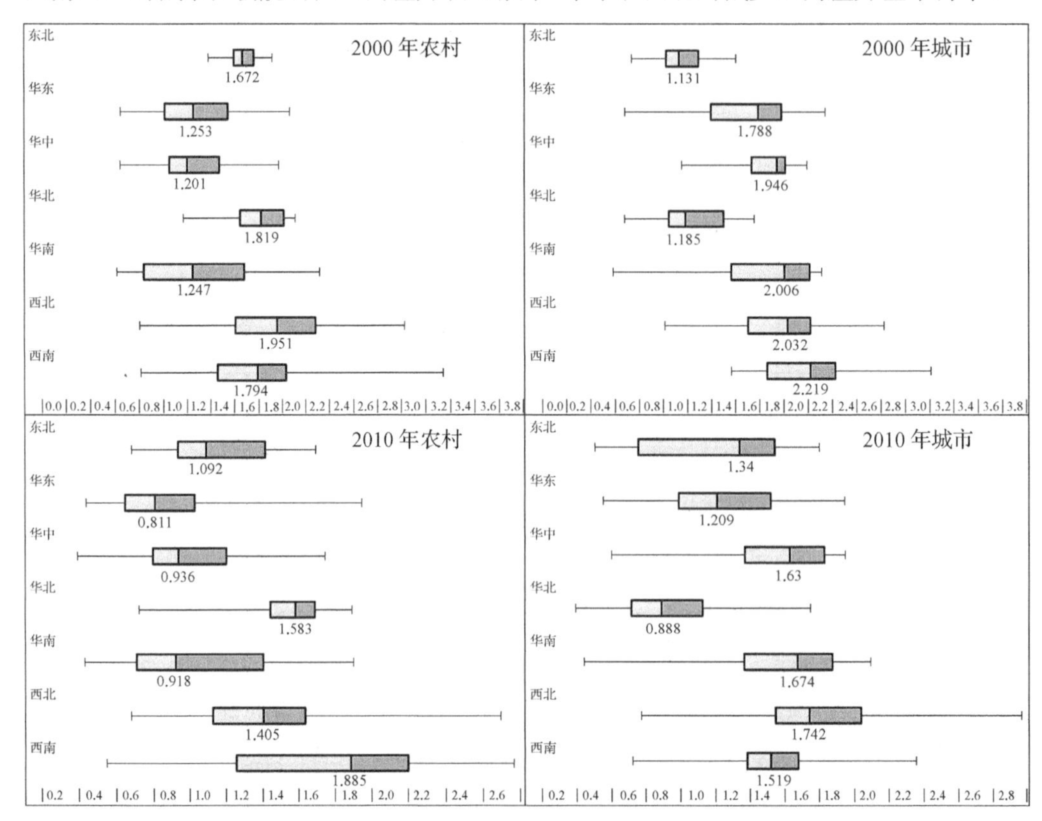

图 5－10　七大行政分区的城乡社会脆弱性基本统计特征

(2) 从时序维度观察，可以发现七大行政分区的农村社会脆弱性在 10 年后整体有了改善。东北、华东、华中、华北、华南、西北六区的脆弱性中位数都出现了下降，仅有西南地区的社会脆弱性略有上升。城市社会脆弱性在 10 年后有所降低的地区为华东、华中、华北、华南、西北和西南六区，东北地区的城市社会脆弱性整体上升了。另一方面，2000—2010 年，农村社会脆弱性区内差异明显增加的地区为东北、华中、华南和西南地区；城市社会脆弱性区内差异明显增加的地区为东北、华东、华中、华北和西北五区。

利用地理信息系统软件 QGIS 3.4.13 进行专题图制作，采用自然断点分级法将四种脆弱性指数分为“低”“较低”“中等”“较高”“高”五类，使其类内差异最小，类间差异最大。我们将估算得到的地级行政区社会脆弱性指数按照七大行政分区进行归类汇总，并以各地级行政区所包含的城市区域社会脆弱性和农村区域社会脆弱性组成图谱结构呈现[图 5 - 11(a)至(g)]。

省份	地级行政区	2000年		2010年	
		城市脆弱性	农村脆弱性	城市脆弱性	农村脆弱性
北京市	北京市	1	2	1	1
天津市	天津市	1	3	1	3
河北省	石家庄市	1	3	1	3
	唐山市	1	3	1	3
	秦皇岛市	1	3	1	4
	邯郸市	1	4	1	4
	邢台市	1	3	1	4
	保定市	1	3	1	3
	张家口市	2	3	1	4
	承德市	2	4	2	4
	沧州市	2	3	1	3
	廊坊市	2	3	1	2
	衡水市	2	3	1	3
山西省	太原市	1	3	1	4
	大同市	2	4	2	4
	阳泉市	2	3	1	3
	长治市	2	4	1	3
	晋城市	2	3	1	3
	朔州市			3	4
	晋中市	2	3	2	3
	运城市	2	3	2	3
	忻州市	2	4	3	4
	临汾市	2	4	2	4
	吕梁市	3	4	2	4
内蒙古自治区	呼和浩特市	2	4	1	4
	包头市	2	4	2	4
	赤峰市	2	4	2	4
	通辽市	2	4	2	4
	鄂尔多斯市	2	4	2	3
	呼伦贝尔市	2	4	2	3
	巴彦淖尔盟	3	4	3	
	乌兰察布盟	2	4	2	3
	兴安盟	2	4	2	4
	锡林郭勒盟	2	4	2	4

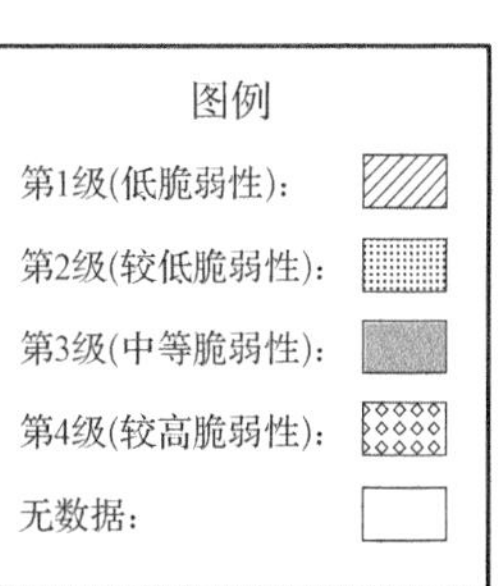

图 5 - 11(a) 华北区的灾害社会脆弱性图谱

由图 5－11(a)可见，自 2000 年至 2010 年，华北地区的灾害社会脆弱性无论是城市区域还是农村区域都出现了好转，当然，农村区域的脆弱性具有高于城市区域脆弱性的特征，同时，北京市、天津市和河北省的总体情况优于山西省和内蒙古自治区。河北省和山西省的部分城市区域从较低脆弱性转为低脆弱性，例如张家口市、沧州市、廊坊市、衡水市、阳泉市、长治市、晋城市和呼和浩特市等；内蒙古自治区的部分农村区域由较高脆弱性降为中等脆弱性，例如鄂尔多斯市、呼伦贝尔市和乌兰察布盟。

省份	地级行政区	2000年		2010年	
		城市脆弱性	农村脆弱性	城市脆弱性	农村脆弱性
辽宁省	沈阳市	1	3	1	3
	大连市	1	3	1	3
	鞍山市	1	3	1	3
	抚顺市	1	3	1	3
	本溪市	2	3	1	3
	丹东市	1	3	1	3
	锦州市	1	3	1	4
	营口市	1	3	1	3
	阜新市	1	4	1	4
	辽阳市	1	3	1	3
	盘锦市	1	3	1	3
	铁岭市	1	3	1	3
	朝阳市	2	4	2	4
	葫芦岛市	2	4	3	2
吉林省	长春市	1	4	4	1
	吉林市	2	3	4	2
	四平市	2	4	3	2
	辽源市	2	3	4	2
	通化市	1	3	4	1
	白山市	2	2	3	2
	松原市	2	4	2	2
	白城市	2	3	4	2
	延边朝鲜族自治州	2	3	3	2
黑龙江省	哈尔滨市	1	3	2	1
	齐齐哈尔市	2	3	3	1
	鸡西市	2	3	4	2
	鹤岗市	2	3	3	2
	双鸭山市	2	3	3	2
	大庆市	1	3	2	1
	伊春市	2	3	3	2
	佳木斯市	2	3	3	1
	七台河市	2	3	3	2
	牡丹江市	1	3	3	2
	黑河市	2	3	3	2
	绥化市	2	3	3	3
	大兴安岭地区	2	3	3	2

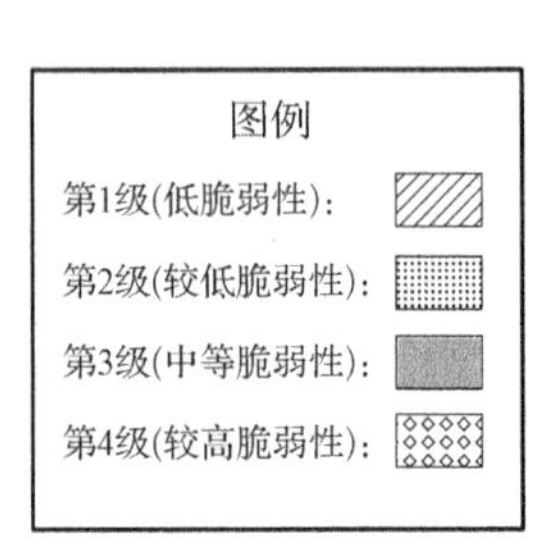

图 5－11(b)　东北区的灾害社会脆弱性图谱

由图 5－11(b)发现，东北区辽宁省的城乡社会脆弱性在 2000—2010 年的十年期间基本保持不变，城乡脆弱性分布在 1—3 级，少数地区为第 4 级。吉林省和黑龙江省的城市脆弱性和农村脆弱性出现了相反的变化特征：

(1) 两省大部分地级行政区出现了城市脆弱性升高的现象，尤其是长春市、吉林市、辽源市、通化市、白城市和鸡西市分别从原有的低脆弱性或较低脆弱性升为较高脆弱性。

(2) 大部分地级行政区的农村脆弱性改善明显，从较高脆弱性、中等脆弱性降至较低甚至低脆弱性，长春市农村区域的脆弱性降幅最大，从较高等级降为低等级。除黑龙江省绥化市以外，其余地级行政区的农村脆弱性都由第 3 级将至第 2 级或第 1 级。上述城乡脆弱性变化趋势在一定程度上反映了我国东北区的城市收缩与衰退现象。

省份	地级行政区	2000年		2010年	
		城市脆弱性	农村脆弱性	城市脆弱性	农村脆弱性
上海市	上海市	1	1	2	1
江苏省	南京市	1	3	1	1
	无锡市	1	2	1	1
	徐州市	2	4	1	1
	常州市	1	2	3	1
	苏州市	1	1	1	1
	南通市	1	2	1	1
	连云港市	2	4	1	1
	淮安市	2	4	2	2
	盐城市	4	2	2	1
	扬州市	3	1	2	1
	镇江市	2	1	1	1
	泰州市	2	2	1	1
	宿迁市	2	2	1	3
浙江省	杭州市	4	1	3	1
	宁波市	2	1	1	1
	温州市	2	1	1	1
	嘉兴市	2	2	2	1
	湖州市	2	2	1	1
	绍兴市	3	1	1	1
	金华市	3	1	1	1
	衢州市	3	2	2	2
	舟山市	4	1	2	1
	台州市	2	2	1	2
	丽水市	2	3	2	1
安徽省	合肥市	3	1	2	1
	芜湖市	4	1	3	1
	蚌埠市	4	2	2	2
	淮南市	4	3	4	2
	马鞍山市	4	1	3	1
	淮北市	4	2	2	2
	铜陵市	4	1	4	1
	安庆市	4	1	2	1
	黄山市	4	3	3	2
	滁州市	4	3	3	2
	阜阳市	4	4	4	3
	宿州市	4	4	4	4
	巢湖市	4	4	4	3
	六安市	4	4	3	3
	亳州市	4	4	3	4
	池州市	4	4	4	2
	宣城市	3	3	2	3

省份	地级行政区	2000年		2010年	
		城市脆弱性	农村脆弱性	城市脆弱性	农村脆弱性
福建省	福州市	3	1	2	1
	莆田市	1	1	1	2
	三明市	4	1	2	1
	泉州市	4	2	2	1
	漳州市	3	2	2	1
	南平市	4	2	2	2
	龙岩市	3	2	2	1
	宁德市	4	3	2	2
江西省	南昌市	3	1	2	1
	景德镇市	4	2	3	1
	萍乡市	4	2	4	2
	九江市	4	1	3	1
	新余市	4	3	3	3
	鹰潭市	4	2	3	2
	赣州市	4	2	3	1
	吉安市	4	3	4	3
	宜春市	4	4	4	3
	抚州市	4	4	4	4
	上饶市	4	2	3	2
山东省	济南市	4	1	3	1
	青岛市	4	1	3	1
	淄博市	3	2	2	1
	枣庄市	3	3	2	3
	东营市	4	1	2	1
	烟台市	3	1	2	1
	潍坊市	3	2	2	2
	济宁市	3	2	2	2
	泰安市	4	3	3	2
	威海市	3	1	2	1
	日照市	2	3	1	2
	临沂市	3	3	2	2
	德州市	4	2	3	2
	聊城市	4	3	3	3
	滨州市	4	3	3	2
	荷泽市	4	4	2	3

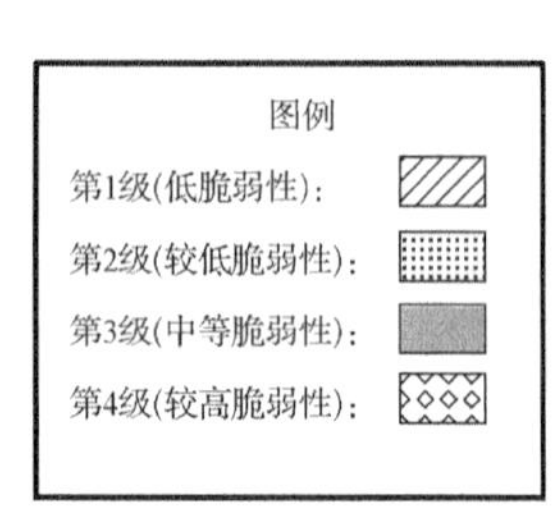

图 5-11(c)　华东区的灾害社会脆弱性图谱

由图 5-11(c)可知，在 2000 年，华东区城乡脆弱性以第 1 级—第 3 级为主，上海市、江苏省和浙江省的总体情况较优于安徽省、福建省、江西省和山东省。其中，安徽省和江西省在 2000 年时期的城市脆弱性相对较高，但十年后，大部分区域的脆弱性出现了下降。2000 年华东区六省一市的农村脆弱性以第 1 级—第 3 级为主，到 2010 年，仅有安徽省和江西省部分地级行政区处于第 4 级的较高脆弱性。整体农村脆弱性改善的趋势十分明显，较多区域处于第 1 级低脆弱性和第 2 级较低脆弱性。

省份	地级行政区	2000年		2010年	
		城市脆弱性	农村脆弱性	城市脆弱性	农村脆弱性
河南省	郑州市	3	1	3	1
	开封市	3	2	2	1
	洛阳市	3	1	4	1
	平顶山市	3	2	4	1
	安阳市	3	2	4	1
	鹤壁市	3	3	4	3
	新乡市	3	1	4	1
	焦作市	3	2	4	1
	濮阳市	3	2	3	1
	许昌市	3	2	4	1
	漯河市	3	2	4	3
	三门峡市	3	2	4	1
	南阳市	3	3	4	3
	商丘市	3	4	4	4
	信阳市	3	4	4	3
	周口市	4	2	4	2
	驻马店市	3	2	4	3
湖北省	黄石市	2	1	1	1
	十堰市	3	1	3	1
	宜昌市	3	1	3	1
	襄阳市	2	1	2	2
	荆门市	3	2	2	1
	孝感市	3	4	3	3
	荆州市	3	2	3	1
	黄冈市	3	2	3	1
	咸宁市	3	3	3	3
	随州市	3	4	2	2
	恩施土家族苗族自治州	3	4	4	4
湖南省	长沙市	3	1	3	1
	株洲市	2	1	2	1
	湘潭市	3	1	3	1
	衡阳市	3	1	3	1
	邵阳市	3	2	4	1
	岳阳市	3	2	4	1
	常德市	3	3	3	1
	张家界市	3	4	2	3
	益阳市	3	3	4	3
	郴州市	3	2	3	1
	永州市	3	3	4	3
	怀化市	3	2	4	1
	娄底市	3	2	4	1
	湘西土家族苗族自治州	3	3	3	3

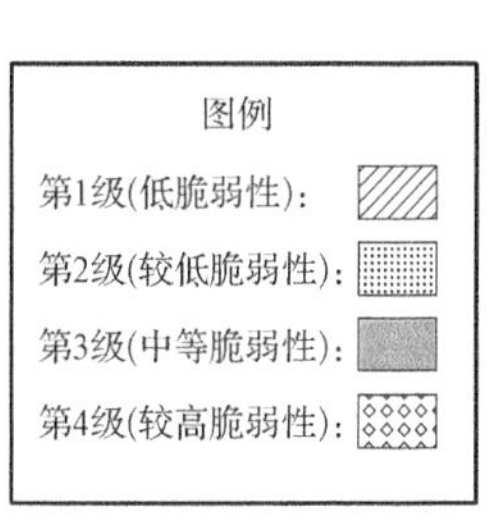

图 5-11(d) 华中区的灾害社会脆弱性图谱

根据图 5-11(d)展现的图谱信息可以发现,华中区脆弱性分布于第 1 级—第 4 级,其中第 1 级和第 3 级占据较高比例。自 2000 年至 2010 年,华中区的农村脆弱性在十年间有了明显好转,2010 年,除河南省商丘市和湖北省恩施土家族苗族自治州属于较高等级外,其余各地级行政区的农村脆弱性均为中等及以下等级,并且第 1 级低脆弱性占了较高比例。当然,也有部分地区的城市脆弱性出现了增长的趋势,例如,河南省和湖南省都有部分地级行政区从“中等脆弱性”上升为“较高脆弱性”,这同样提醒我们关注这些地级行政区可能存在的逆城市化现象。

省份	地级行政区	2000年		2010年	
		城市脆弱性	农村脆弱性	城市脆弱性	农村脆弱性
广东省	广州市	4	1	4	1
	韶关市	2	1	1	1
	珠海市	1	1	1	1
	汕头市	2	1	1	2
	佛山市	2	1	1	1
	江门市	1	1	2	2
	湛江市	2	3	4	3
	茂名市	4	3	4	1
	肇庆市	4	1	3	1
	惠州市	3	1	2	1
	梅州市	2	1	2	2
	汕尾市	3	3	3	1
	河源市	3	2	3	2
	阳江市	3	3	3	2
	清远市	3	2	3	1
	潮州市	1	1	2	1
	揭阳市	2	2	3	2
	云浮市	3	2	3	2
广西壮族自治区	南宁市	3	1	4	1
	柳州市	3	1	4	1
	桂林市	4	1	4	2
	梧州市	3	1	4	2
	北海市	3	3	4	3
	防城港市	3	4	4	4
	钦州市	4	4	5	4
	贵港市	4	5	4	3
	玉林市	4	3	4	3
	百色市	4	3	5	4
	贺州市	4	4	4	3
	河池市	4	4	5	4
	来宾市	4	4	4	4
	崇左市	3	4	4	2
海南省	海口市	4			
	三亚市	1		4	

图例
第1级(低脆弱性):
第2级(较低脆弱性):
第3级(中等脆弱性):
第4级(较高脆弱性):
第5级(高脆弱性):
无数据:

(注:研究未能包括中国香港、澳门特别行政区的数据)

图 5-11(e) 华南区的灾害社会脆弱性图谱

由图 5-11(e)可知,华南区城乡脆弱性的空间差异明显,广西壮族自治区城乡脆弱性较高,是值得关注的地区。自 2000 年至 2010 年,广东省地级行政区的城市脆弱性级别基本保持不变,以第 1 级和第 2 级为主,韶关市、汕头市和佛山市的城市脆弱性由较低级别降至低级别;广西壮族自治区部分地级行政区的城市脆弱性出现了上升趋势,其中,南宁市、柳州市、梧州市、北海市、防城港市和崇左市的城市脆弱性由中等级别升至较高级别,海南省三亚市的城市脆弱性由低级别升至较高级别。另一方面,整个华南区的农村脆弱性在十年期间并没有出现太多的变化,有升有降,且变动幅度不大,例如广东省的汕头市和江门市由第 1 级变为第 2 级,汕尾市由第 3 级降为第 1 级,阳江市由第 3 级降为第 2 级,广西壮族自治区的崇左市由第 4 级降为第 2 级。

省份	地级行政区	2000年		2010年	
		城市脆弱性	农村脆弱性	城市脆弱性	农村脆弱性
重庆市	重庆市	4	2	3	1
四川省	成都市	3	1	2	2
	自贡市	2	2	3	1
	攀枝花市	3	1	3	2
	泸州市	3	3	4	2
	德阳市	3	2	2	1
	绵阳市	3	2	3	3
	广元市	3	3	3	3
	遂宁市	3	3	3	3
	内江市	3	3	3	2
	乐山市	3	2	3	2
	南充市	3	3	3	2
	眉山市	3	3	3	2
	宜宾市	3	3	3	3
	广安市	3	4	3	2
	达州市	3	2	3	2
	雅安市	3	2	3	3
	巴中市	3	4	4	3
	资阳市	3	3	3	4
	阿坝藏族羌族自治州	3	4	3	5
	甘孜藏族自治州	4	4	3	5
	凉山彝族自治州	4	3	3	5
贵州省	贵阳市	4	2	2	4
	六盘水市	3	4	4	5
	遵义市	4	2	2	4
	安顺市	4	4	4	5
	铜仁地区	4	4	4	5
	黔西南布依族苗族自治州	4	4	4	5
	毕节地区	4	5	5	5
	黔东南苗族侗族自治州	4	4	4	5
	黔南布依族苗族自治州	4	4	4	5
云南省	昆明市	4	1	1	4
	曲靖市	3	3	2	5
	玉溪市	4	3	2	4
	保山市	4	4	4	4
	昭通市	3	5	5	5
	丽江市	4	4	2	5
	临沧市	4	4	4	5
	楚雄彝族自治州	4	4	3	4
	红河哈尼族彝族自治州	3	3	3	5
	文山壮族苗族自治州	4	4	4	5
	西双版纳傣族自治州	4	4	3	4
	大理白族自治州	4	3	3	4
	德宏傣族景颇族自治州	3	4	3	4
	怒江傈僳族自治州	4	5	5	5
	迪庆藏族自治州	4	4	4	5
西藏自治区	拉萨市	4	3	2	5
	昌都地区	5	5		5
	山南地区	5	4		5
	日喀则地区	5	4	4	5
	那曲地区	5	5		
	阿里地区		5		
	林芝地区	5	4		

图例
第1级(低脆弱性)：
第2级(较低脆弱性：
第3级(中等脆弱性)：
第4级(较高脆弱性)：
第5级(高脆弱性)：
无数据：

图 5-11(f) 西南区的灾害社会脆弱性图谱

由图 5-11(f)可知，西南区城乡脆弱性以中等及以上脆弱性为主，重庆市和四川省的脆弱性相对较低，一般分布于第 1 级～第 3 级；贵州省、云南省和西藏自治区的大部分地级行政区为较高脆弱性及高脆弱性。总体而言，西南区城市与农村脆弱性差异不明显，至 2010 年，四川省不少地级行政区的农村脆弱性出现下降趋势，例如自贡市、德阳市、内江市、南充市、眉山市、广安市和巴中市；但是，贵州省、云南省和西藏自治区的农村脆弱性以较高脆弱性和高脆弱性为主。另一方面，贵州省贵阳市、遵义市和云南省昆明市、曲靖市、玉溪市、丽江市和西藏自治区拉萨市、日喀则市的城市脆弱性有所下降。较为遗憾的是 2010 年期间西藏自治区数据缺失较多，不利于整体情况的把握。

省份	地级行政区	2000年		2010年	
		城市脆弱性	农村脆弱性	城市脆弱性	农村脆弱性
陕西省	西安市	5	2	1	3
	铜川市	3	3	2	4
	宝鸡市	3	1	2	3
	咸阳市	3	2	1	4
	渭南市	3	4	3	3
	延安市	3	4	2	4
	汉中市	3	2	3	2
	榆林市	3	3	3	3
	安康市	3	4	3	4
	商洛市	3	4	4	1
甘肃省	兰州市	3	1	4	1
	嘉峪关市	3			
	金昌市	1	2	3	2
	白银市	3	3	4	3
	天水市	4	4	4	4
	武威市	3	4	4	3
	张掖市	3	3	3	4
	平凉市	4	4	4	2
	酒泉市	4	3	3	3
	庆阳市	3	4	4	4
	定西市	4	4	4	4
	陇南市	3	4	4	3
	临夏回族自治州	3	3	4	4
	甘南藏族自治州	4	4	5	1
青海省	西宁市	4	2	4	5
	海东地区	3	4	4	3
	海北藏族自治州	4	5	5	5
	黄南藏族自治州	3	5	5	5
	海南藏族自治州	4	5	5	5
	果洛藏族自治州	4	5	5	5
	玉树藏族自治州	4	5	5	3
	海西蒙古族藏族自治州	5	5	4	1
宁夏回族自治区	银川市	2	4	3	2
	石嘴山市	1	4	3	4
	吴忠市	2	4	4	4
	固原市	3	4	5	3
	中卫市			5	1
新疆维吾尔自治区	乌鲁木齐市	4	5	4	1
	吐鲁番地区	2	1	3	2
	哈密地区	3	4	4	2
	昌吉回族自治州	2	4	3	3
	博尔塔拉蒙古自治州	2	4	4	2
	巴音郭楞蒙古自治州	2	3	4	3
	阿克苏地区	2	4	4	5
	克孜勒苏柯尔克孜自治州	3	5	5	3
	喀什地区	3	5	5	4
	和田地区	2	5	5	2
	伊犁哈萨克自治州	3	5	4	3
	塔城地区	2	4	3	3
	阿勒泰地区	3	4	4	2

图例
第1级(低脆弱性)：
第2级(较低脆弱性)：
第3级(中等脆弱性)：
第4级(较高脆弱性)：
第5级(高脆弱性)：
无数据：

（注：西北区内涉及内蒙古自治区的数据在华北区已作研究）

图 5－11(g)　西北区的灾害社会脆弱性图谱

西北区的灾害社会脆弱性图谱显示，整个区域的城乡脆弱性在第1—5级都有分布，且各级分布差异不明显。相对而言，陕西省城乡脆弱性稍优于其他地区，并且其城市脆弱性有一定程度的下降。甘肃省、青海省、宁夏回族自治区和新疆维吾尔自治区的城市脆弱性都有所上升，尤其是新疆地区；另一方面，青海省、宁夏回族自治区和新疆维吾尔自治区的农村脆弱性出现了较好的下降趋势。

总体而言，在2000年，我国东部和中部地区的城乡脆弱性低于西部地区，并且，农村社会脆弱性值较高的地区主要集中在西藏以及新疆、青海、内蒙古、宁夏、四川等省（自治区）的西部和北部地区，其中社会脆弱性最高的10个地级行政区为：阿里地区（西藏自治区）、玉树藏族自治州（青海省）、海西蒙古族藏族自治州（青海省）、海南藏族自治州（青海省）、那曲市（西藏自治区）、喀什地区（新疆维吾尔自治区）、伊犁哈萨克自治州（新疆维吾尔自治区）、果洛藏族自治州（青海省）、和田地区（新疆维吾尔自治区）和黄南藏族自治州（青海省）。到2010年，农村和城市的社会脆弱性空间格局呈现出与前10年明显不同的变化。为方便深入分析，我们整理得到如表5-7所示的基本统计信息。

表5-7 城乡社会脆弱性的基本统计信息

时间	地区	均值	标准差	不同等级的地级行政区比例				
				低	较低	中等	较高	高
2000	农村	1.568	0.482	17.4%	19.9%	29.0%	28.0%	5.7%
	城市	1.748	0.491	12.1%	24.8%	45.5%	15.5%	2.1%
2010	农村	1.229	0.500	26.0%	26.0%	22.9%	16.3%	8.8%
	城市	1.402	0.447	17.6%	21.3%	28.8%	27.0%	5.3%

对比2000年和2010年农村社会脆弱性，可以发现10年时间，农村地区的社会脆弱性均值下降，标准差略有上升。“低”脆弱性和“较低”脆弱性的地级行政区分布从原有的东部和南部地区扩展到中国西北和东北地区。同时，这两个级别的地级行政区数量分别增加了8.6%和6.1%。2000年社会最脆弱的地级行政区只有5.7%，而2010年增至8.8%，大部分集中在西南地区的西藏、四川、贵州和云南等省（区）。在2010年，农村地区“中等”脆弱性和“较高”脆弱性的地级行政区数量明显下降，分别为22.9%和16.3%。根据2000年和2010年农村社会脆弱性的上述特征，可以得出结论：尽管全国不同地区的社会脆弱性增减有差异性，但在本案例观察研究的十年期间，农村社会脆弱性整体还是有了显著改善。

比较2000年和2010年的城市社会脆弱性，可以发现2010年的城市社会脆弱性均值和标准差在十年间都出现了下降。2010年新增了5.5%“低”社会脆弱性的地级行政区，“低”社会脆弱性是从部分地区扩展到东部沿海地区和内蒙古的大部分地区。与此同时，2010年“高”脆弱性的地级行政区数量也有所增加，从2.1%上升到5.3%，并且多数集中在我国西部和西南地区。2000—2010年，“较高”脆弱性的地级行政区从15.5%增加到27.0%，共增加了11.5%。从空间格局看，“较高”脆弱性从西部向西北和中部地区转移。综上，在这十年间，部分地级行政区的社会脆弱性有所增长，但总体趋势是城市社会脆弱性在稳步下降。

3. 社会脆弱性城乡差异指数的空间特征。

为了深入分析灾害社会脆弱性在城市地区和农村地区的差异性格局，我们将社会脆弱性城乡差异指数(SVI_D)进行空间可视化。研究发现，在2000年，社会脆弱性城乡差异指数的第1级和第2级主要出现在华中、华东和华南地区，偶有分布于西北和西南地区。这说明这些地区的城市社会脆弱性高于农村社会脆弱性，亦可推测当时当地的城市化带来了社会脆弱性的增加。城乡差异指数的第3级主要分布于华中、华南、西南以及西北部分地区，这些地区的城市社会脆弱性略大于农村社会脆弱性，一定程度上说明当地的城市化对社会脆弱性影响并不明显。社会脆弱性城乡差异指数的第4级和第5级主要集中在北方地区和长三角地区，第4级也有零散分布于整个中部和南部地区。这些地区的城市社会脆弱性小于农村社会脆弱性，可推测当地城市化，无论是农村人口向城市的迁移，还是城市的蔓延，总体上能够促进社会脆弱性的下降。

参考本书第一章图1-4，可以发现从2000年至2010年是我国城镇化进程迅猛发展的时期，在这一阶段，社会脆弱性也在同步改变。2010年的城乡社会脆弱性差异也发生了显著变化。首先，属于社会脆弱性城乡差异指数第1级的行政区数量在减少，这些地级行政区主要分布于华中和西北的部分地区，说明城市社会脆弱性高于农村社会脆弱性的现状得到了改善。第2级差异指数的行政区数量维持不变，其分布区域在华中和华南地区基本保持不变，主要空间变化是由西南地区转为西北和东北地区。第3级差异指数的行政区数量出现较大增长，新增地区主要为西北和东北两区。这表明，十年的城市化发展反而造成西北和东北地区的城市社会脆弱性高于农村社会脆弱性。第四级和第五级差异指数的行政区数量都少于2000年，主要是从西北向西南地区转移，说明西南地区在十年期间，总体城市化发展较为理想，城市地区的社会脆弱性控制要优于农村地区。

表5-8　社会脆弱性城乡差异指数分级统计信息

时间	差异指数分级				
	第1级	第2级	第3级	第4级	第5级
	农村 SVI < 城市 SVI	农村 SVI < 城市 SVI	农村 SVI < 城市 SVI	农村 SVI > 城市 SVI	农村 SVI > 城市 SVI
2000年	9.1%	24.4%	28.4%	16.6%	21.6%
2010年	5.7%	24.6%	36.6%	12.3%	20.8%

表 5－8 为我们提供了社会脆弱性城乡差异指数的时序变化，可以发现，大约 17.5％的地级行政区从 4—5 级变为 1—3 级，即在 2000 年，当地的农村社会脆弱性大于城市社会脆弱性，但到了 2010 年，农村社会脆弱性小于城市社会脆弱性，这包括江苏、上海、浙江、黑龙江、吉林和青海省的部分地区。由此推测，这十年时间，上述区域的农村地区在灾害社会脆弱性控制方面相对优于城市地区。至 2010 年，大约 12.6％的地级行政区从 1—3 级转为 4—5 级，即十年发展后，此类地区的农村社会脆弱性高于城市社会脆弱性。这一现象说明，从灾害社会脆弱性视角观察，当地的城市发展模式较农村发展模式更为合理。

为了进一步识别并观察 2000—2010 年社会脆弱性城乡差异的空间聚集现象，我们使用 GeoDa 软件（1.14.0.4 版）计算了全局莫兰指数和局部莫兰指数。

全局莫兰指数又称为"全局空间关联性指标（Global Indicator of Spatial Association，GISA）"，由澳大利亚统计学家帕特里克·阿尔弗雷德·皮尔斯·莫兰（Patrick Alfred Pierce Moran）于 1950 年首先提出，是应用广泛的空间自相关性判定指标。它能够反映整个研究区域内，各个空间单元与邻近空间单元之间的相似性。其计算公式为

$$I=\frac{\sum_{i=1}^{n}\sum_{j=1}^{n}w_{ij}\times(x_i-\bar{x})(x_j-\bar{x})}{\sum_{i=1}^{n}\sum_{j=1}^{n}w_{ij}\times\frac{1}{n}\sum_{i=1}^{n}(x_i-\bar{x})^2} \tag{⑭}$$

式⑭中，w_{ij} 表示区位相邻矩阵的元素，x_i 为 i 空间单元属性数据值，x_j 为 j 空间单元属性数据值。$w_{ij}=1$ 代表空间单元相邻，$w_{ij}=0$ 代表空间单元不相邻，$i\neq j$，$w_{ii}=0$。I 的取值范围在－1 到 1 之间，I 大于 0 表示正相关，说明相邻地区具有相似的数据属性（高值与高值邻接、低值与低值邻接）；I 小于 0 表示负相关，说明相邻地区属性差异大，数据空间分布呈现高低间隔分布的状态；I 值趋近于 0 时，则说明相邻空间单元间相关性低，某空间显现的高值或低值呈无规律的随机分布状态。

为了让不同区域具有共同的比较标准，一般将莫兰指数标准化，将其转换成$Z(I)$，利用 $Z(I)$大小来进行显著性检定。在 0.05 的显著水准下，$Z(I)$大于 1.96 时表示区域内空间分布具有显著的关联性，即空间单元与空间单元间存在着正空间自相关；若 $Z(I)$介于 1.96 至－1.96 间，则空间单元的相关程度并不明显；若 $Z(I)$小于－1.96，则表示区域内空间单元的数值分布呈现负相关。

局部莫兰指数又称为"局部空间关联性指标（Local Indicator of Spatial Association，LISA）"，由美国亚利桑那州立大学地理与规划学院院长卢克·安塞林（Luc Anselin）教授在 1995 年提出的。该指标描述了观测单元与周围显著的相似值单元之间的空间聚集程度。

为了识别并观察社会脆弱性的空间聚集现象，我们按照以下公式计算了社会脆弱

性的局部莫兰指数：

$$I_i = \frac{z_i}{S^2} \sum_{j \neq i}^{n} w_{ij} z_j \qquad ⑮$$

其中，$z_i = x_i - \bar{x}$，$z_j = x_j - \bar{x}$，$S^2 = \frac{1}{n} \sum (x_i - \bar{x})^2$，$w_{ij}$ 为空间权重值，n 为研究区域上所有地区的总数，I_i 则代表第 i 个地区的局部莫兰指数。正的 I_i 表示一个高值被高值所包围，或者是一个低值被低值所包围；负的 I_i 表示一个低值被高值所包围，或者是一个高值被低值所包围。

上述两类指数的计算结果如表 5－9 所示。2000 年和 2010 年的 $Z(I)$ 值均大于阈值 1.96（$p=0.05$），且全局莫兰指数均为正值，分别为 0.592 和0.499，这表明这两年所有地级行政区的社会脆弱性城乡差异指数都具有显著的空间正相关关系。

表 5－9　空间聚类统计和局部莫兰指数分类

年份	全局莫兰指数	$Z(I)$	局部莫兰指数分类					
			高—高（HH）	低—低（LL）	低—高（LH）	高—低（HL）	不显著	其他
2000	0.592	16.495	69	54	0	4	192	29
			19.83%	15.52%	0	1.15%	55.17%	8.33%
2010	0.499	14.162	54	34	3	8	217	32
			15.52%	9.77%	0.86%	2.30%	62.36%	9.20%

表 5－9 的局部莫兰指数分类提供了 2000 年和 2010 年社会脆弱性城乡差异指数的聚类和异常值情况。聚类和异常值分别表明存在正负局部空间关联。具体来说，高—高（HH）聚类代表观测单元自身是差异指数高值区，周围单元亦是差异指数高值区。2000 年，有 69 个地级行政区属于高—高聚类，2010 年，该类别的地级行政区下降为 54 个，占比 15.52%。低—低（LL）聚类指观测单元自身是差异指数低值区，周围单元也是低值区。2000 年，共有 54 个地级行政区属于低—低聚类；十年后，该类别的地级行政区下降为 34 个。低—高聚类和高—低聚类是异常值的表现形式。低—高（LH）聚类指观测单元自身是差异指数低值区，而周围单元是高值区。2000 年，该类别缺失，10 年后有 3 个地级行政区属于此类别。高—低（HL）聚类代表观测单元自身是差异指数高值区，而周围单元是低值区。在 2000 年，有 4 个地级行政区属于高—低聚类，2010 年，该类别的地级行政区数量增至 8 个，占比 2.30%。此外，另有超过半数的观测单元空间关联不显著。根据局部莫兰指数的分类结果可推测，2010 年同质聚类比例在降低，出现或增加了高值包围低值、低值包围高值聚类的情况，说明城乡之间的社会脆弱性差异局部变化在增加。

为了进一步观察这种局部变化的具体发生区域，我们使用 GeoDa 软件（1.14.0.4

版)绘制了社会脆弱性城乡差异指数的 LISA 聚类图。分析结果表明,所有社会脆弱性城乡差异指数的聚类和异常值在各显著性水平($p=0.05$、$p=0.01$ 和 $p=0.001$)上均具有统计显著性。2000 年,高—高聚类分布于新疆维吾尔自治区、内蒙古自治区、黑龙江省、吉林省、辽宁省、北京市、天津市、河北省、山西省和云南省南部地区。2010 年,高—高聚类区发生明显转移,主要集中在内蒙古自治区中部、辽宁省、北京市、天津市、河北省、山西省、西藏自治区、四川省南部、云南省和贵州省等地。2000 年,低—低聚类区集中于中国中部部分地区和南部地区,具体省份包括陕西省、河南省、西藏自治区、云南省、贵州省、广西壮族自治区、广东省、湖南省、江西省以及福建省的部分地区。2010 年,低—低聚类区分布于新疆维吾尔自治区、宁夏回族自治区、河南省、安徽省、湖南省和广西壮族自治区。2000 年,我们仅观察到一种类型的异常值分布,即高—低聚类区,分布在陕西省、江西省和广西壮族自治区的部分地区。2010 年,两种类型的异常值分布区都出现了。2010 年,低—高聚类区有 3 个,位于陕西省、辽宁省和四川省;高—低聚类区相对于 2000 年增加了 4 个,主要分布在新疆维吾尔自治区、甘肃省、安徽省、江西省、广东省和广西壮族自治区。

4. 城市化对社会脆弱性的影响。

根据前文对灾害社会脆弱性的空间格局分析以及社会脆弱性城乡差异指数的空间特征分析可以发现,尽管存在一定的区域差异,2000—2010 年我国显示出城市和农村地区社会脆弱性降低的整体趋势。为了进一步明确城市化对社会脆弱性的影响,我们通过 GeoDa 软件(版本 1.14.0.4)对城市化与灾害社会脆弱性分别进行两类回归分析:一种是假设因变量和误差项都具有空间独立性的普通最小二乘法回归分析,另一种是假设因变量存在空间自相关而误差项具有空间独立性的空间自回归模型(Spatial Autoregression, SAR)分析。其中,空间自回归模型的公式如下:

$$\boldsymbol{Y}=\rho \boldsymbol{W}\boldsymbol{Y}+\boldsymbol{\beta}\boldsymbol{X}+\boldsymbol{\varepsilon} \quad ⑯$$

式⑯中,$\boldsymbol{Y}$ 是因变量的向量,ρ 是自回归系数(当 $\rho=0$ 时,空间自回归模型即简化为传统的普通最小二乘法模型),$\boldsymbol{W}$ 是空间权重矩阵,$\boldsymbol{X}$ 是自变量矩阵,$\boldsymbol{\beta}$ 是回归系数向量,而 $\boldsymbol{\varepsilon}$ 是正态独立但不一定同分布的误差项向量。在本研究中,Y 即为社会脆弱性指数,X 则代表城市化率。

计算后发现,普通最小二乘法回归分析和空间自回归模型均通过了显著性检验,证明城市化对社会脆弱性的确有影响。表 5 - 10 展示了两种回归模型的性能指标。因为 OLS 模型没有直接考虑研究数据中的空间依赖性,所以 OLS 模型总体拟合性能低于 SAR 模型。

表 5－10　OLS 和 SAR 模型的性能统计

因变量	自变量	模型	R^2	对数似然值 Log likelihood	赤池信息量准则（AIC）	施瓦茨准则（SC）
Y_1	X_1	OLS	0.216	−188.45	380.90	388.46
		SAR	0.608	−79.201 5	164.40	175.66
Y_2	X_2	OLS	0.148	−183.25	370.50	378.04
		SAR	0.348	−141.18	288.36	299.62
Y_3	X_3	OLS	0.253	−147.89	299.78	307.29
		SAR	0.551	−81.45	168.89	180.15
Y_4	X_4	OLS	0.271	−171.96	347.92	355.43
		SAR	0.488	−127.53	261.06	272.31

注：Y_1为 2000 年城市社会脆弱性值；Y_2为 2000 年农村社会脆弱性值；Y_3为 2010 年城市社会脆弱性值；Y_4为 2010 年农村社会脆弱性值；X_1为 2000 年城市地区的城市化率；X_2为 2000 年农村地区的城市化率；X_3为 2010 年城市地区的城市化率；X_4为 2010 年农村地区的城市化率。

因此，我们选用空间自回归模型（SAR）评估城市化对灾害社会脆弱性的影响，研究结果如表5－11 所示。

表 5－11　空间自回归模型的拟合结果

因变量	变量	SAR 系数	Z 值	因变量	变量	SAR 系数	Z 值
Y_1	WY_1	0.651	15.255	Y_3	WY_3	0.602	13.305
	常数	0.921	9.323		常数	1.104	10.569
	X_1	−0.462	−6.735		X_3	−0.784	−8.461
Y_2	WY_2	0.497	8.639	Y_4	WY_4	0.545	10.028
	常数	0.994	8.875		常数	0.962	8.655
	X_2	−0.960	−5.141		X_4	−1.169	−6.313

注：Y_1为 2000 年城市社会脆弱性值；Y_2为 2000 年农村社会脆弱性值；Y_3为 2010 年城市社会脆弱性值；Y_4为 2010 年农村社会脆弱性值；X_1为 2000 年城市地区的城市化率；X_2为 2000 年农村地区的城市化率； X_3为 2010 年城市地区的城市化率；X_4为 2010 年农村地区的城市化率。

由表 5－11 可以发现：首先，就自变量而言，2000 年和 2010 年不同地区城市化率的所有拟合系数都为负值，这表明在 2000 年和 2010 年，无论是城市地区的城市化率，还是农村地区的城市化率，它们总体上与灾害社会脆弱性呈负相关。这一结果与我们之前的研究发现保持一致。其次，2000 年和 2010 年农村地区的城市化率与灾害社会脆弱性的拟合系数绝对值都高于同年的城市地区，这说明发展农村地区的城市化水平有助于控制当地灾害社会脆弱性，即在本案例研究时段中，它表现得更为高效。再次，就因变量而言，Y_1的自回归系数最高，达到 0.651，这说明 2000 年城市地区的灾害社会脆弱性具有最显著的空间滞后效应。但十年后，城市地区社会脆弱性的空间滞后效应降低，说明周边地区对观测单元的空间影响减弱。同理，农村地区社会脆弱性的空间滞后效应在2010年时出现了增加，说明对农村地区而言，周边单元的社会脆弱性对观测单元的空间影响反而强化了。

为了进一步深入展现城市化率与灾害社会脆弱性指数之间的局部空间关联与依赖特征，我们利用GeoDa软件（1.14.0.4版）针对上述两者进行二元局部莫兰指数（Bivariate Local Moran's I）的计算，计算结果展示了2000年和2010年全国不同地区的城市化率水平与灾害社会脆弱性之间的空间聚类与异常值分布。

高—高聚类和低—低聚类说明观测单元 i 和周边地理单元 j 呈正相关关系，而高—低聚类和低—高聚类说明观测单元 i 和周边地理单元 j 呈负相关关系。具体而言，高—高聚类代表观测单元 i 的自变量值（即城市化率）与周边地理单元 j 的因变量值（灾害社会脆弱性）都较高，例如，2000年西北和华北的农村地区，西北、西南的城市地区；2010年西北、华北和西南的部分农村地区，西北、西南的部分城市地区。该聚类区需要警惕城市化发展中存在的问题，以改变高脆弱性的现状。

低—低聚类说明观测单元 i 的城市化率和与周边地理单元 j 的灾害社会脆弱性都较低。例如，2000年华南的部分农村地区，东北和华北的部分城市地区；2010年，转移为东北、华中和华南的零星农村地区，华北、华东的部分城市地区。这说明在我国城市化发展相对成熟的华北与华东地区，依然存在城市化滞后区，当然庆幸的是灾害社会脆弱性也较低。

高—低聚类说明观测单元 i 的城市化率较高，而周边地理单元 j 的灾害社会脆弱性值较低。例如，2000年华东、华南的大部分农村地区，华东、东北、华北的大部分城市地区。十年后，该聚类空间分布基本保持不变。这一聚类区域是相对理想的类型，城市化发展成熟，且属于相对和谐发展，因此未带来灾害社会脆弱性的增长。

低—高聚类说明观测单元 i 的城市化率较低，而周边地理单元 j 的灾害社会脆弱性值较高。例如，2000年西北、华北的农村地区，西北、西南的大部分城市地区；2010年西北部分及西南的大部分农村地区，另有西北的大部分城市地区。这一聚类区域的发展相对不足，城市化水平较低，而灾害社会脆弱性反而较高，因此它们的城市化发展模式需要进行妥善调整，在促进城市化发展的同时还要着力于控制灾害社会脆弱性。

六、结论

灾害社会脆弱性是在灾害特定情景中，人类社会受一系列复杂多样因素影响后，表现出差异与不平等的产物。在我国快速城市化进程中，人口和经济逐步向着城市群以及大城市周边集中。在人口集聚的城市周围，农村融入都市圈一体化发展。与此同时，农村劳动力快速减少，特别是农村少子化和老龄化现象，将使农村要素结构和生产方式发生变化，丰富的劳动力资源将不再成为农村的优势，这给农村发展带来了挑战。城市化发展在促进经济腾飞的同时也带来了复杂的社会经济不平等隐患，上述不平等又在一定程度上导致了灾害社会脆弱性的产生。因此，本案例研究分别对我国城市地区和农村地区的社会脆弱性进行分析与评估，在此基础上，探讨我国城市化进程中城乡社会脆弱性存在的差异，呈现此种差异的空间特征，进而量化分析城市化对灾害社会脆弱性的影响关系。

需要说明的是，由于我国的县域统计数据获取有限，因此部分社会脆弱性的重要影响因素，例如，社会经济地位、基础设施发展和资源获取程度等，未能选入评估指标体系。此外，受数据限制，本案例研究未能包括中国台湾、香港特别行政区以及西藏自治区、内蒙古自治区、宁夏回族自治区、山西省、湖北省和海南省部分地区。在本案例研究开展时，我们未能获得最新的第七次全国人口普查数据，研究数据为 2000 年和 2010 年的全国人口普查数据，因此研究时效性有所欠缺，在后期研究中我们将会补充新数据。

第六章　从脆弱性到韧性:探索韧性发展之路

第一节　回顾:我们的脆弱性研究

本书在对国内外脆弱性研究进行梳理与总结的基础上,一方面,按照时间脉络追根溯源,另一方面,按照"理论探究—方法介绍—案例应用"的研究脉络,从"认识脆弱性""脆弱性研究梳理""社会脆弱性研究方法""社会脆弱性评估模式及其案例分析"四个部分展现脆弱性研究全貌,并介绍了作者对社会脆弱性评估模式的方法探索与应用。具体而言,包括以下四个方面。

一、脆弱性研究:理论基础的源头梳理与系统分析

相对而言,脆弱性是一个新兴且目前得到蓬勃发展的研究主题,对其发展现状的研究与阐述并不缺乏,但是对其诞生的理论根基我们往往较少关注。因此,本书首先将研究重点落于脆弱性的理论基础之上,从回溯脆弱性思想起源入手,为读者完整呈现了脆弱性的发展脉络:从早期的发展根基至原初状态,再至如今的核心内涵与基本类型。

随后,本书介绍并分析了脆弱性研究领域中的五大经典理论模型:"风险—灾害"模型、"压力—释放"模型、"地方—灾害"模型、"人—环境耦合系统"脆弱性框架和BBC模型,并对其特征进行比较与分析。在此基础上,将焦点投射到脆弱性与社会不平等之间的关联上,分别从性别、种族、贫困和老年人四大主题解释并探讨相关理论与应用研究。

二、脆弱性研究:定性、定量方法分析

识别和测量脆弱性是建设韧性社会的重要步骤,是减灾政策制定与减灾服务开展的基础,因此本书针对自灾害脆弱性研究发展初期直至现今的相关文献,全面梳理了学界用于认知、探查以及评价灾害脆弱性的经典方法,例如,个案研究、访谈法和扎根理论等定性研究方法在脆弱性研究中的应用;又如,综合指数法、函数模型法、空间分析法、数据包络、帕累托等级分析等定量方法在脆弱性评估中的使用。

在对脆弱性研究方法的整理中可以发现,社会脆弱性定量研究相对于自然脆弱性定量研究而言,起步更晚。虽然目前社会脆弱性研究发展迅速,但是它所面对的挑战还是较为严峻的,例如:① 社会脆弱性定量研究的发展离不开定性研究,只有深入、扎实

的定性研究才能为我们提供脆弱性影响因子作用于脆弱性的内在机制和路径，也只有定性研究才能帮助我们探寻新的脆弱性影响要素，进而丰富脆弱性定量研究人员的知识储备。但是，目前脆弱性定性研究发展相对缓慢，迫切需要拓展和提升。② 社会脆弱性定量研究涉及的指标评价体系，因受研究人员先验知识的影响，会存在信息覆盖不全和信息重叠的问题。有研究者为追求指标体系的完备性，提出选择尽可能多的指标，但这会受到数据获取程度的制约，也会严重干扰对脆弱性主要影响因子的识别。③ 社会脆弱性定量研究实际是将数据做行政单元内的均值化处理，这导致行政单元内部的数据空间差异无法体现，从而模糊了脆弱性的实际分布规律。因此，需要在脆弱性定量研究中增加空间展示和空间分析，以期更好地展示脆弱性的分布格局与规律。④ 脆弱性定量研究通常对脆弱性做简化表达，在此表达过程中不可避免地受到主观因素的干扰，也忽略了脆弱性产生过程中各影响要素间交互作用的复杂性和相互关联性。⑤ 多尺度脆弱性评估的研究正在兴起。在复杂理论和生态学领域中出现的层级概念为研究者探索人与环境耦合系统跨尺度现象中涌现的脆弱性提供了可行的分析视角与途径。但在已有的脆弱性概念模型中，空间尺度在层次结构上的分配是缺失的或未被明确描述。

三、脆弱性研究:评估模型与方法体系构建

脆弱性理论模型对于脆弱性分析和评估具有指导意义，并且对如何解决脆弱性也有重大影响，因此脆弱性理论模型的构建或选择十分重要。多数脆弱性理论模型遵循统一的研究假设，即灾害影响是人类与环境相互作用的结果。随着时间的推移，脆弱性的理论模型越来越复杂化，但这种变化趋势反而局限了它对量化评估的指导作用。本书吸取脆弱性研究领域中的三大经典模型，即“风险—灾害”模型、“压力—释放”模型和“地方—灾害”模型的核心思想，在此基础上初步构建了指导社会脆弱性评估案例研究的理论模型。并且，依据理论模型，建立了本书用以指导社会脆弱性评估研究的技术方法体系:① 紧扣社会脆弱性三大基本属性，即暴露度、敏感性和适应性，结合案例研究区实际情况，灵活选择并建立社会脆弱性评估指标体系。② 以投影寻踪聚类方法进行社会脆弱性综合指数的评估以及主要影响要素的识别，再配合空间分析手段呈现社会脆弱性空间格局以及挖掘社会脆弱性空间聚集规律。

四、脆弱性评估:实证应用研究

根据上述社会脆弱性评估理论模型和技术方法体系，本书分别以“面向气候变化的社会脆弱性评估研究”和“自然灾害社会脆弱性的城乡差异研究”为主题，开展了实证应用研究。

在第一个案例中，本书首先识别了沿海地区气候变化社会脆弱性的影响因子并确定了它们的影响程度。研究发现，沿海地区的社会脆弱性主要由当地对气候变化及气候灾害的暴露情况所决定，人类社会的敏感性对社会脆弱性的影响并不突出。上述结

论可为地方政府降低社会脆弱性提供基准参考。例如:发展基础设施和公共服务;增强第一产业应对气候变化的抵御能力,合理调整产业结构,构筑高韧性的经济发展模式;增加面向儿童的公共服务供给,为儿童提供充足的保护措施,并帮助儿童应对气候变化所带来的风险与挑战;发展气候风险意识和应对能力的教育等。其次,利用QGIS 2.14.10对社会脆弱性及其组成要素(暴露度、敏感性和适应性)做空间化展示与分析。再次,基于Getis-Ord Gi^* 算法对社会脆弱性做热点分析后,检测到沿海地区的两个热点(辽东湾和北部湾沿岸)和两个冷点(长三角地区和珠三角地区)。

在第二个案例中,成果之一是发现在2000年至2010年的快速城市化过程中,职业、家庭可用设施和儿童在人口中的比例发生了显著变化,成为与社会脆弱性相关的重要指标。成果之二是明确2000—2010年,我国城乡地区的灾害社会脆弱性空间格局的差异性。研究发现,经过十年发展,虽然部分地级行政区社会脆弱性有所上升,但总体趋势向好,城乡社会脆弱性稳步下降。成果之三是研究了社会脆弱性城乡差异指数的空间变化与空间关联。成果之四是通过计算全局莫兰指数和局部莫兰指数探索社会脆弱性城乡差异指数的空间关联性。成果之五是确定城市化对社会脆弱性的影响,我们使用GeoDa软件对城市化率和灾害社会脆弱性进行空间自回归分析。这些研究结果表明,尽管已发现社会脆弱性稳定降低的总体趋势,但是城市化与社会脆弱性之间的局部空间依赖性是复杂的。

从国内外研究的发展历程来看,社会脆弱性研究正处于向纵深方向发展的过渡阶段,还有许多问题需要进一步探讨。本书虽然在社会脆弱性评估研究方面努力探索并形成了一定的研究成果,但是由于研究问题的复杂性、笔者研究能力的有限性,研究成果在以下方面还有待进一步深入探索和发展完善。

(1) 相对于自然脆弱性研究,社会脆弱性研究得到的关注不足;而在社会脆弱性研究中,定性研究在我国更为欠缺。如前文所述,只有定性研究才能帮助我们挖掘新的脆弱性影响要素,进而丰富脆弱性定量研究人员的知识储备。社会脆弱性定性研究是社会脆弱性定量研究必不可少的发展动力。因此,笔者未来研究中的首要任务是借助定性研究方法,对社会脆弱性关键要素追根溯源,深度挖掘社会脆弱性的内在影响机制。

(2) 社会脆弱性是与人高度相关的研究主题,研究对象涉及个体、群体和社会等不同层级。但是,在目前的研究中,尤其是评估研究中,研究对象的主观感受、认知与能动性是被忽略的。因此,未来研究中,笔者将从主观和客观两种途径探索研究对象的脆弱性,进一步比较"客观脆弱性"与"主观脆弱性"的异同及其内在作用机制。

(3) 就本书的实证研究而言,存在如下的局限性:首先,社会脆弱性发展至今,对其测量评估仍然缺乏一致的指标,本书的案例研究也不例外。其次,数据可获取性通常是影响社会脆弱性评估指标选择的最关键因素,尤其是针对区(县)或镇一级的社会脆弱性评估研究。由于数据的限制,我们的研究未能包括所有可衡量社会脆弱性的最佳评估指标。同时,在尽可能追求数据获取性的同时,牺牲了研究数据的时效性。最后,社会脆弱性评估研究的难题之一是结果验证。虽然使用灾害损失作为社会脆弱性的验证是一种可行方法，但这种方法首先必须获取与社会脆弱性评估相匹配的区（县）级灾害损失数据，这目前无法实现。其次，该方法其实假设损失均匀分布在整个研究区内，而未考虑越脆弱的人类群体或地区将会遭受更多的损失。因此，这种验证本身存在问题，也就无法说明社会脆弱性评估的正确与否。本书的研究结果没有被直接验证，但利用其他学者的相关研究成果进行了间接佐证。未来若能在有效数据的支持下，仍需展开社会脆弱性评估结果的验证方法研究。

社会脆弱性面向的研究对象是社会系统，一个开放的复杂巨系统，这无疑增加了对其展开分析与量化研究的难度。但是，社会脆弱性的分析研究有利于辨析我国在快速城市化发展进程中，隐含风险的深层根源、影响因素和发展变化过程；社会脆弱性的评估研究有利于把握并预测社会脆弱性未来的变化动向，并为地方政府提供科学的应对策略，提升社会的韧性水平。因此，这是一项极具挑战又极富意义的研究命题。

第二节　展望：基于冗余理论的韧性发展思考

当我们面对一个正常运行的社会复杂巨系统（例如，人类社会）时，不外乎关注现状与思考未来。对于现状，我们希望通过实实在在的努力，持之以恒地遍寻系统中存在的每一处脆弱之处，在问题出现之前，及时地识别、控制或转移危险，从而尽可能持久地维持系统的安全。对于未来，我们期待风险不要转成灾难，或者即使出现灾难也能快速摆脱它，回到我们安定的和谐社会。

本书的脆弱性研究让我们深刻体会了系统脆弱性形式的多样化，它可以是环境问题的恶化；地区或群体的贫困；基础设施的欠缺；公共服务供给的不足；城市化伴生的压力；等等。它们又是彼此缠绕不已、难以理清的问题，在互为因果中动态演变，直至在灾难中呈现它最终的可恶面目。在学术研究中，我们通过定性与定量的脆弱性研究，努力地想要预先呈现它们的真面目，以便尽早做好科学的应急准备；在实践应用中，我们扎根现实，尽力了解它的复杂与变化。佐利和希利描绘的一个思维实验可以完美地展现真实社会场景中脆弱性的狡猾。

设想场景：你正在一块空旷的土地上种植一种新树种。

目标一：为了从土地上获得最大产出。目标二：降低潜在风险，如气候变化、干旱、虫灾，以及更严重的森林火灾。

措施一：为了目标一（提高农场的产量），在正常间距的树苗陈列中随机植入一些新树苗。它们长大后，将和其他树冠碰到一起。这在提高产量的同时也增加了风险，一旦有任何一棵树着火，那么火焰很可能通过连成一片的枝叶蔓延到相邻的树上。这种方法高效却面临巨大的火灾风险。

措施二：为了目标二（降低火灾风险），你可以将树苗的间距留得宽一些，比如 10 米左右。这样，当树木成熟以后，它们的树冠不会互相接触，火星难以从一棵树蔓延到另一棵树。但是,这种措施虽然降低了树林被烧毁的可能性,却也降低了产出。

措施三:兼顾目标一和目标二。进行小块密集的种植,然后在树林中间铺设一些道路。这些道路不仅能够让你走入树林深处,还可以起到防火带的作用,将各部分互相隔离,确保整片树林不会因局部起火而全部遭殃。假定我们经过多次尝试和失败,在树林密度、道路设计和成本控制三方面都做到了最优,那么这样的林场便可以抵御偶然的火灾,不会被火灾夷为平地,并且也能够在不同季节为你提供质量稳定的木材。

但是,黑天鹅事件出现了:林区遭到了外来甲壳虫的入侵。这种微小的害虫原产自另一块大陆,现在却由一艘远洋货轮带到当地,而你的靴子意外接触到它们并将其散布到林场的每一个角落。它恰恰利用了你的精心布局,通过四通八达的道路实现了疯狂传播。原本用来降低火灾风险的设计成了虫灾的重要"推手"。

这个思维实验给我们提供了绝佳的风险管理样本。首先,我们在现实生活中,做任何决策都需要考虑两个方面:收益与风险。而我们做风险管理的目标无非是在降低潜在风险的同时保证利益的最大化。基于上述两个目标,我们可以采取各种风险管理措施。措施一注重农场收益,忽视农场潜在风险。显然,这样的农场是脆弱的,它与高风险伴生,一旦发生火灾,你将一无所有。措施二优先考虑了风险控制,但是因此也就牺牲了收益。我们将这一措施推演到极致——为了降低火灾风险,放弃种植新树种。那么火灾风险得以完全规避,但是林木生产利润也就无从谈起。当然,在现实生活中,极致场景很少发生。并且,我们如果为规避一种风险而放弃对应行为时,我们总会实施另一替代行为以便实现原有目标,那么新的风险随之而来。措施三,这是一种相对理想的风险管理措施,通过小块密集种植,兼顾了风险和收益,使双方进入一种相对平衡的优化状态,此时农场系统是稳健且低脆弱性的。但是,当农场遭遇与常规灾害事件不同、难以预料的"黑天鹅事件"时,一切又出现了反转,原来降低农场脆弱性的措施反而促成了新灾害。可以说,黑天鹅事件把农场系统从熟悉的、已经适应得不错的原有环境推入了一个新的未知环境。在所处环境中尽可能找到隐藏的薄弱之处,并加以积极调整,以降低潜在风险是脆弱性研究的目标所在,而尽可能实现农场在新旧环境之间的柔性过度以及快速调整是韧性研究的价值所在。

脆弱性研究是具有重要现实意义的,它有助于控制潜在风险,维持当下环境的安全与稳定,但是尺有所短,脆弱性有其不可避免的局限性:① 目前的社会环境日趋复杂,黑天鹅事件不再是罕见的,例如,新冠疫情,气候变化带来的各类异常极端事件等。黑天鹅事件会突然将我们的社会推入一个完全陌生的未知环境,这种急速跨越过程的问题的观察、分析与解决超越了现有脆弱性的研究范畴。② 黑天鹅事件是不可预料但影响力大的不确定事件,它已经不是小样本事件,而是更为稀少的个例事件。我们人类对其了解有限,目前暂不可能支撑起相应的分析、评估与预测。③ 人类社会的脆弱性如同风险一般在现实生活中不可能完全消除,且它具有极大的隐蔽性,例如,我们过度依靠政府补贴,或者过分依赖某种有利可图但是单一的营业模式,一旦遭遇黑天鹅事件,它即成为危险的脆弱因子。又如，我们如今生活在一个没有战乱的和平年代，整个社会按照惯性运行，似乎不会出现任何不好的后果。这种有条不紊的运转给我们带来了一种藏匿着隐患的安全感，如上文思维实验所描述的与现有环境模式相匹配的“外来甲壳虫入侵”也许正在悄然逼近，由此，制造脆弱性的源泉正在生成，动荡的新篇章正拉开序幕。

当然，上述文字不是要给读者描绘一个消极、暗淡的未来，脆弱性的这些局限性正是韧性所长。一个理想的韧性社会即使在黑天鹅事件所带来的急剧转型过程中也应该具有相对的适应性。并且，韧性社会能够弥补人类在寻找脆弱性及控制风险过程中的疏漏与不足——灾害防御失败后进入的无论是怎样的新环境，只要社会具有韧性，它都可以在压力中恢复。所以，我们可以先简单设想一下如何增强社会韧性：首先，应该增强我们的抵御能力，从而防止灾难等外力将我们挤出所在的熟悉环境；其次，维持并扩展我们的适应范围，确保我们的适应能力，以便相对从容地应对系统越过临界点后出现的新情况。那么，由此而来的具体发展路径又会是怎样的？本书将基于冗余理论，去探讨社会韧性发展的可行策略。

一、冗余：有趣的“保险”

风险管理理论学者纳西姆·尼古拉斯·塔勒布在其著作《黑天鹅：如何应对不可预知的未来》中，曾说：“冗余是好的，大自然正是依靠冗余，才能在复杂未知的情况下保持稳定，人类是黑天鹅、环境变化是黑天鹅、陨石是黑天鹅、太阳风暴是黑天鹅、地壳变动是黑天鹅、气候骤变是黑天鹅、火山喷发是黑天鹅、生态破坏是黑天鹅、物种灭绝是黑天鹅——但大自然至今依然还算健壮稳定，不得不说，在地球上最善于对抗黑天鹅的就是大自然了……”可见，塔勒布对于冗余在大自然抵御黑天鹅事件中发挥的作用极为看重。他所提到的“大自然在复杂未知的情况下保持稳定”，其实正是大自然具有韧性的表现形式之一。所以，借鉴大自然的这种特性，我们通过打造人类社会的冗余性，建设社会复杂系统额外的储备能力，在灾难尤其是黑天鹅事件中提高社会的风险应对实力，这是建设韧性社会的有效途径之一。

冗余的概念最早来源于自动控制系统的可靠性理论。在自动控制系统设计之初，会为系统预留一定数量和规模的备用组件，此备用组件即为冗余组件。冗余组件的设置可以增强系统可靠性，防止系统由于组件故障或损毁造成故障，因此它有助于维持系统的整体结构及其正常功能。

20世纪90年代，生态学家沃克(Brian H. Walker)指出生态系统中存在冗余现象。在生态系统中，种群内的遗传结构、植物器官、群落中的物种和层次都可发现冗余。冗余是生态系统提高抗干扰能力的重要“保险”措施。冗余之后又被拓展到复杂科学领域的研究中，它指代在复杂体系中一种以上的子系统或结构按并联方式组合，具有执行某种特定功能的能力，部分组分的失效不会造成体系特定功能的消失，也不会对整个体系的功能和结构造成很大的影响。当复杂体系受到外部环境干扰时，冗余的功能组分发挥作用使得体系对变化环境保持足够的适应性。可见，冗余概念与韧性具有极高的相似度，它可以帮助社会在时间维度上缓解冲击、在空间维度上分担风险，有效控制受灾社会在外部打击中出现的损失。冗余包含三种不同形式，即组件冗余、功能冗余与结构冗余，它们的特征有助于韧性发展思路的凝练。

二、组件冗余：有效的备份

系统组件冗余（或称防御性冗余、系统冗余），即为我们日常所见所用的备份。当系统遇到外力侵害打击时，可以调用备份顶替受损组件，从而保持系统的原有功能。换句话说，此类冗余通过系统组件的备份实现了类似保险的作用：尽可能快地止损。

组件冗余存在更微观、更容易理解的形式。例如，植物体的每种器官也都是由执行同一功能的若干成分组成，即器官组成成分是冗余的，花、花粉等繁殖器官有冗余，茎（枝）、叶、根等营养器官也有冗余。可以说，器官冗余是植物自我修复、保持生长和生命力的最简单的方法。这种方法也被我们所利用，例如，我们人体也有冗余，人体有两只眼睛、两个肺、两个肾，从效率角度看，这是一种低效的过剩，但事实上这是进化为我们留下了应对艰难时刻的有效备份。又如，有车一族都会准备备用轮胎。如果开车在一条荒僻的道路上汽车轮胎被扎破了，备用轮胎的作用可想而知。我们还会复制和存档计算机数据，当计算机系统因操作失误或故障而导致数据损坏或丢失时，可进行快速恢复。需要说明的是，备份不完全是简单的重复，它在承受并抵御灾害等外来侵袭时，还可以兼具成长性。例如，“记录”也可以看成是一种冗余，它相当于把大脑中的信息重复备份在了大脑之外。但是，这种信息承载形式的转变却也为信息的传播、传承与发展提供了可能，而这种成长发展的机会对于韧性的培育是至关重要的。

组件冗余的实现相对简单，但它有一个最大的制约因子——成本。塔勒布曾在其著作《黑天鹅：如何应对不可预知的未来》中提道：“经济学家会认为，两个肺与两个肾的效率并不高，他们会考虑这些器官的物流成本……如果我们的大自然由经济学家来控制，那么我们便会被省去一个肾，因为我们并不是任何时候都需要两个肾。更为‘有效’的做法是我们将自己的肾脏卖掉，而仅在需要的时候使用公用肾。并且，你可以在夜间出租你的眼睛，因为你在夜间做梦时并不需要它们。”在塔勒布的调侃中，我们可以发现盲目优化的短视，但是不计成本谈冗余以保证系统遭遇危机后正常功能的持续也是不切实际的，我们需要在两者之间谋求一个合适的平衡点。而“成本”，严格来讲也并非仅指经济成本，它是一个将政治环境、社会氛围、个人风险感知等各方面因素融合在一起的名为“成本”的压缩包。从这个角度看，我们借助冗余这条路径去推动社会韧性发展时，必须要培育一个认可社会韧性发展目标，认可冗余理念，重视突发事件风险的良好氛围。

三、功能冗余：系统中的“拱肩效应”

功能冗余源于生态学，指生态系统中执行相似功能的物种的多样性，即群落中具有相似功能性状物种的饱和程度。例如，在生态系统中有许多物种成群地结合在一起，扮演着相同的角色，这些物种中就有冗余物种。冗余物种具有相似的生态功能，可相互取代。冗余物种的去除不会影响生态系统的整体功能，但并不意味着冗余物种是多余的。功能冗余的存在对于确保扰动后生态系统的恢复是必需的，它从功能上起到了保险作用。一般说来，在植物群落的同一层次中，物种冗余愈大，该层次的稳定性愈高；物种冗余愈小，该层次的稳定性愈低。这在人类社会中亦能找到对应的例子。产业结构过于单一的区域及城市整体韧性水平低下，抗风险能力很差。一旦遭遇变化，主导产业或支柱产业就会出现衰退，整个地区很容易陷入经济衰退甚至萧条中。近年来，我国东北、山西、河北等单一结构地区，经济增速下滑，财政收入下降，发展困难；而经济结构优良的区域及城市在危机面前表现从容，经济发展持续向好。

与组件冗余一样，功能冗余也是系统适应环境的一种策略。在一个生态系统中，冗余物种在短时间内似乎是过剩的，但经过在变化环境中的长期发展，那些次要物种和冗余物种就可能在新的环境下变为优势种或关键种，从而改变和充实原来的生态系统，实现我们在演进韧性中提到的“跃迁”。这一点在塔勒布提到的功能冗余类型中体现得更为充分：系统暂时的过剩功能在环境变化时，因与环境相互作用而衍生出扩展功能，由此增强了系统对更多场景的适应性。例如，在建筑学上有一个专有名词概括这种形式的功能冗余——拱肩效应。所谓的“拱肩”，并不是建筑师有意设计出来的，而是各种建筑构件组装完成后形成的副产品（所以，我们也可以用副产品来想象此类功能冗余）。随着时间的推移，拱肩自成一格，成为建筑物的重要部分。冗余功能也会随着人类认知的加深而被不断挖掘、发展与利用，例如，40 年前，阿司匹林主要用于退热，后来用于止痛和消炎，现在还可以疏通血管，防止心脏病的发作。几乎所有药物都像阿司匹林这样，其次级功能反而被大量利用。

可见，功能冗余一方面具有组件冗余一样的保险效应，另一方面因为功能的多面性和扩展性为我们提供了挖掘其丰富适应性的机会，这也为我们发展人类社会的韧性提供了动态演进的新思路：首先，功能冗余与组件冗余一样，可以在应对突发灾害甚至黑天鹅事件时，有效降低人类社会受到的冲击和损害，更有利于社会整体的快速恢复。其次，随着人类社会本身的发展，随着科技的进步，所谓过剩功能可以被挖掘并发展出更多的积极的新功能，相当于开拓新赛道以提升社会整体的韧性。所以，我们非常需要用发展的眼光看待冗余带来的成本问题，以更全面的视野认知、权衡冗余的成本与收益。

四、结构冗余：灵活的模块化

从系统学的角度来看，系统内各种组件的构成方式不外乎串联结构和并联结构两种。在串联结构系统中，系统的可靠性与接入组件的数量呈负相关的关系，组件数目增加、链长扩展时，系统的可靠性或稳定性便急剧下降，任何一个组件的损坏或失效都会引起整个系统的崩溃。在并联结构中，组件彼此间牵连更少，备用组件的存在使得系统的可靠性增加，即使某一组件失灵也不会影响系统其余组件的正常工作，更不会导致整个系统的崩溃。这就是冗余在结构上的体现,也从结构的特有角度解释了"韧性"的核心属性。我们还可以通过佐利和希利在其著作《恢复力》中的一个例子来体会结构冗余在现实生活中的表现形式:

有两个制表匠,分别叫霍拉和坦帕斯,他们制造的表均由数百个零件构成,复杂而精美,不分伯仲。但后来,霍拉的生意兴旺发达,而坦帕斯却破产了。当然,他们并没有经历灾害这样的大动荡,只是在平时的制表过程中不时被客户的订货电话所打扰。霍拉将每一个零件嵌入其所属的分级装配体系,最后将所有部分组装起来完成整个产品。而坦帕斯是按部就班地依次生产。这种串联式的生产模式使得坦帕斯在每次打完电话后都必须一遍又一遍地从头开始,而霍拉的工作却都保存完好,电话对其工作进程的干扰很小。所以,如果两个制表匠都只有 1/100 的时间受到干扰,那么霍拉开工 10 个,就能完成 9 个;坦帕斯每开工 100 万个,才只能完成 44 个。

在这个简单的例子中,坦帕斯采用的工作模式是串联结构的,抗干扰能力非常低,一旦工作被打断,他就只能从头再来。而霍拉则在他的制表模式中融合了并联式的结构冗余思想,从而增强了制表工作对外界干扰的抵御能力以及对变化环境的适应性。当然,霍拉的制表模式其实是更为丰富的模块化雏形。可以设想,在现实生活中,当社会这一复杂巨系统受到灾害等危机威胁时,城市甚至更小的社区模块能够各自分离形成联系尽可能少的单独岛屿,并且各自维持其基本运行,那么就可以有效避免损害的扩散蔓延;当危机消失时,模块恢复联系和聚集,继续发挥强大的规模效应。当然,分离与聚集的切换与调控需要依据突发事件的特色合理进行。

现实中不乏与"坦帕斯"模式相关联的灾难事件,例如,2003 年美加大停电事件。2003 年全球变暖带来的席卷欧洲的热浪灾害,也使得美国中部和北部酷暑难耐。8 月 14 日下午 4 点,俄亥俄州北部的一些输电线因为热胀而垂了下来,挂在了因为无人修剪而挡住输电线的树上,造成了短路。此时,故障报警软件居然也坏了,所以工作人员继续将电流导向输电线损坏的区域,这条输电线也就因此承受了超过负荷的电流。一条接一条的线路短路,越来越多的发电站和输电线停止工作,不到两个小时,整个俄亥俄州所有的输电线都短路,整个系统崩溃停止了工作。短短 8 分钟的时间里,美国 8 个州 4 500 万居民以及加拿大安大略省大约 1 000 万居民遭遇停电。据估计,这是北美历史上最严重的一次停电事故,当夜幕降临时,东海岸所有的航空和轨道交通都瘫痪了。大停电持续了 10 天,造成近一百人死亡。

当然,这次大停电事故中,热浪是极为关键的导火索,电网监控出现问题也是多米诺骨牌中的重要一环。但是,过于庞大且彼此紧密连接、无法及时分离切割的电网结构也是事件推手之一。电网结构最简单的拓扑是树状结构,由中央调控的高电压、大电流电力,借由变电站逐步降低电压、电流,分配至各树状分支线路中,直到到达目标家庭用户和企业用户为止。但是,单个节点故障可能会导致节点以下分支网络的失效。网状结构可以提供更高的系统可靠度,但是其运作与管理相对复杂。据称,当时北美大部分的电网都是由私人公司负责架设维护的,为了降低建设和运营成本,这些公司的供电网络大多采用了树形网状。可见，这样的供电网络并不具备结构冗余性。树形网状与串联结构类似，缺乏冗余结构，它将故障依次传递并累加，最终造成了重大灾难。

佐利和希利由此提出提高电网韧性的原则——分离，具体而言是铺设一个去中心化的电网。一旦电网系统出现问题征兆，整个系统会将自己分割成若干个不相连但又能保障子系统运行的组成部分。相对而言，每一个子系统同时完全崩溃的风险就大大降低了，由此能够避免2003年大停电那样的系统整体性崩溃事件的发生。佐利和希利的设想体现了模块化的精髓，同时又与结构冗余思想相契合。一方面，它便于分离，自成体系的特点有利于灾害等危机发生时，系统可以牺牲局部利益，切断因局部之间联系而带来的危害传递，从而最终保证系统整体损失的最小化。另一方面，去中心化也意味着更多并联式结构冗余出现的可能。当然，分离、模块化以及去中心化还是涉及成本与收益的平衡，涉及局部与整体利益的平衡。但是，我们得承认，在一定情况下，尽可能控制整体损失才能更好保障社会韧性的实现。

瓦茨拉夫·哈维尔曾说："我倾向于赞成基于最大可能多数经济单位而形成的经济体系，有很多权力分散的、结构多种多样的企业，特别是小企业，它们尊重不同地域的特色和传统，抵制来自统一性的压力……"这段话帮我们描绘了模块化在现实中的具体形态，这里的企业同样也可以是社区。构建灵活的、结合当地特色的、形态多样的社区，融合多种冗余形式、内部联系紧密而外部保持连通通路，可分可合的应急组织结构，这是发展社会韧性的可行之道。

参考文献

[1] 安德鲁·佐利,安·玛丽·希利.恢复力[M].鞠玮婕,译.北京:中信出版社,2013.

[2] 樊运晓,罗云,陈庆寿.区域承灾体脆弱性综合评价指标权重的确定[J].灾害学,2001,16(1):85-88.

[3] 方创琳,王岩.中国城市脆弱性的综合测度与空间分异特征[J].地理学报,2015,70(2):234-247.

[4] 方佳毅,陈文方,孔锋,等.中国沿海地区社会脆弱性评价[J].北京师范大学学报(自然科学版),2015,51(3):280-286.

[5] 付刚,白加德,齐月,等.基于GIS的北京市生态脆弱性评价[J].生态与农村环境学报,2018,34(9):830-839.

[6] 高吉喜,潘英姿,柳海鹰,等.区域洪水灾害易损性评价[J].环境科学研究,2004,17(6):30-34.

[7] 葛怡.长江三角洲地区社会脆弱性评估[M]//史培军,王静爱,方修琦,等.综合风险防范:长江三角洲地区综合自然灾害风险评估与制图.北京:科学出版社,2014:126-174.

[8] 郝璐,王静爱,史培军,等.草地畜牧业雪灾脆弱性评价:以内蒙古牧区为例[J].自然灾害学报,2003,12(2):51-57.

[9] 洪紫亮.基于MapGIS的生态脆弱性评价:以赤壁市为例[J].知识经济,2009(17):111-112.

[10] 黄德生,谢旭轩,穆泉,等.环境健康价值评估中的年龄效应研究[J].中国人口·环境与资源,2012,22(8):63-70.

[11] 黄晶,佘靖雯.长江三角洲城市群洪涝灾害脆弱性评估及影响因素分析[J].河海大学学报(哲学社会科学版),2020,22(6):39-45.

[12] 黄淑芳.主成分分析及MAPINFO在生态环境脆弱性评价中的应用[J].福建地理,2002,17(1):47-49.

[13] 黄婉茹,张尧,黎舸,等.海洋灾害调查与风险评估[J].城市与减灾,2021,

137(2):14 -19.

[14] 黄晓军,黄馨,崔彩兰,等.社会脆弱性概念、分析框架与评价方法[J].地理科学进展,2014,33(11):1 512 - 1 525.

[15] 孔庆云,寇文正,陈谋询.乌兰察布盟生态脆弱区区划的探讨[J].林业资源管理,2005(1):35 - 38.

[16] 李典友.冗余理论及其在生态学上的应用[J].南通大学学报(自然科学版),2006,5(1):50 - 54.

[17] 李鹤,张平宇.东北地区矿业城市社会就业脆弱性分析[J].地理研究,2009,28(3):751 - 760.

[18] 李惠娟,周德群,魏永杰.空气污染的健康经济损失评价研究进展[J].环境科学研究,2020,33(10):2 421 - 2 429.

[19] 李欣辑,杨惠萱.坡地灾害社会脆弱度指标评估与应用[J].都市与计划,2012,39(4):375 - 406.

[20] 梁思佳, 葛怡. 当老龄化与灾害碰撞:灾害冲击下老年人脆弱性研究综述[J].风险灾害危机研究, 2022(1): 189 - 212.

[21] 廖炜,李璐,吴宜进,等.丹江口库区土地利用变化与生态环境脆弱性评价[J].自然资源学报,2011,26(11):1 879 - 1 889.

[22] 刘继生,那伟,房艳刚.辽源市社会系统的脆弱性及其规避措施[J].经济地理,2010,30(6):944 - 948.

[23] 刘文泉,雷向杰.农业生产的气候脆弱性指标及权重的确定[J].陕西气象,2002(3):32 - 35.

[24] 刘毅,黄建毅,马丽.基于 DEA 模型的我国自然灾害区域脆弱性评价[J].地理研究,2010,29(7):1 153 - 1 162.

[25] 龙腾腾,高仲亮,刘岳峰,等.基于 AHP-PCA 模型的安宁市森林火灾社会脆弱性评价[J].西南林业大学学报(自然科学),2018,38(2):153 - 157.

[26] 鲁大铭,石育中,李文龙,等.西北地区县域脆弱性时空格局演变[J].地理科学进展,2017,36(4):404 - 415.

[27] 陆铭,冯皓.集聚与减排:城市规模差距影响工业污染强度的经验研究[J].世界经济,2014,37(7):86 - 114.

[28] 穆泉,张世秋.中国 2001—2013 年 PM2.5 重污染的历史变化与健康影响的经济损失评估[J].北京大学学报(自然科学版),2015,51(4):694 - 706.

[29] 纳西姆・尼古拉斯・塔勒布.黑天鹅:如何应对不可预知的未来[M].万丹,刘宁,译.北京:中信出版社,2011.

[30] 裴欢,王晓妍,房世峰.基于 DEA 的中国农业旱灾脆弱性评价及时空演变分

析[J].灾害学,2015,30(2):64-69.

[31] 苏飞,张平宇,李鹤.中国煤矿城市经济系统脆弱性评价[J].地理研究,2008,27(4):907-916.

[32] 唐凤德,蔡天革,陈中林,等.辽宁省生态环境脆弱性评价与分析[J].水土保持研究,2008,15(6):225-228.

[33] 王德炉,喻理飞.喀斯特环境生态脆弱性数量评价[J].南京林业大学学报(自然科学版),2005,29(6):23-26.

[34] 王康发生,尹占娥,殷杰.海平面上升背景下中国沿海台风风暴潮脆弱性分析[J].热带海洋学报,2011,30(6):31-36.

[35] 魏后凯,张燕.全面推进中国城镇化绿色转型的思路与举措[J].经济纵横,2011(9):15-19.

[36] 文军,蒋逸民.质性研究概论[M].北京:北京大学出版社,2010.

[37] 乌尔里希·贝克.风险社会[M].何博闻,译.南京:译林出版社,2004.

[38] 乌尔里希·贝克.为气候而变化:如何创造一种绿色现代性?[M].温敏,译//曹荣湘.全球大变暖:气候经济、政治与伦理.北京:社会科学文献出版社,2010:355-372.

[39] 谢红霞,尹懋森,周清,等.湖南省县域经济发展和城镇化水平时空变化研究[J].中国农业资源与区划,2021,42(4):171-178.

[40] 谢盼,王仰麟,彭建,等.基于居民健康的城市高温热浪灾害脆弱性评价:研究进展与框架[J].地理科学进展,2015,34(2):165-174.

[41] 姚天华,朱志红,李英年,等.功能多样性和功能冗余对高寒草甸群落稳定性的影响[J].生态学报,2016,36(6):1 547-1 558.

[42] 于兆吉,张嘉桐.扎根理论发展及应用研究评述[J].沈阳工业大学学报(社会科学版),2017,10(1):58-63.

[43] 禹文豪,艾廷华,杨敏,等.利用核密度与空间自相关进行城市设施兴趣点分布热点探测[J].武汉大学学报(信息科学版),2016,41(2):221-227.

[44] 袁龙凯.浅析生态冗余理论与流域综合治理[J].山西水土保持科技,2014(4):15-17.

[45] 张方,陈凯.中国区域收入空间依赖变化研究[M].北京:中国财政经济出版社,2017.

[46] 张慧琳,吴攀升,侯艳军.五台山地区生态脆弱性评价及其时空变化[J].生态与农村环境学报,2020,36(8):1 026-1 035.

[47] 张丽君.基于GIS多准则空间分析(SMCE)的青海省矿产资源开发地质环境脆弱性评价[J].中国地质,2005,32(3):518-522.

[48] 张送保,张维明,黄金才,等.基于冗余的动态适应性复杂体系研究[J].管理科

学学报,2008,11(5):145－152.

[49] 张怡哲. 中国海岸带自然灾害社会脆弱性评估[D]. 杭州:浙江大学,2018.

[50] 章友德.城市灾害学:一种社会学的视角[M].上海:上海大学出版社,2004.

[51] 赵珂,饶懿,王丽丽,等.西南地区生态脆弱性评价研究:以云南、贵州为例[J].地质灾害与环境保护,2004,15(2):38－42.

[52] 赵昕,李琳琳,郑慧.基于超效率DEA模型的风暴潮灾害脆弱性测度[J].海洋环境科学,2014,33(3):436－440.

[53] 赵银兵,张婷婷,洪艳.成都市城市脆弱性演变研究[J].国土资源科技管理,2018,35(3):98－107.

[54] 周雪光.芝加哥"热浪"的社会学启迪:《热浪:芝加哥灾难的社会解剖》读后感[J].社会学研究,2006(4):214－224.

[55] Adams V, Kaufman S R, van Hattum T, et al. Aging disaster: Mortality, vulnerability, and long-term recovery among Katrina survivors [J]. Medical anthropology, 2011, 30(3): 247－270.

[56] Adger W N. Social vulnerability to climate change and extremes in coastal Vietnam[J]. World development, 1999, 27(2): 249－269.

[57] Adger W N. Social aspects of adaptive capacity[M]//Smith J B, Klein R J T, and Huq S. Climate change, adaptive capacity and development. London: Imperial College Press, 2003: 29－49.

[58] Adger W N. Vulnerability[J]. Global environmental change, 2006, 16(3): 268－281.

[59] Aguirre B E. The lack of warnings before the Saragosa tornado [J]. International journal of mass emergencies and disasters, 1988, 6(1): 65－74.

[60] Ahsan M N, Warner J. The socioeconomic vulnerability index: A pragmatic approach for assessing climate change led risks: A case study in the south-western coastal Bangladesh [J]. International journal of disaster risk reduction, 2014, 8: 32－49.

[61] Anastario M, Shehab N, Lawry L. Increased gender-based violence among women internally displaced in Mississippi 2 years post-Hurricane Katrina[J]. Disaster medicine and public health preparedness, 2019, 3(1): 18－26.

[62] Antwi-Agyei P, Dougill A J, Fraser E D G, et al. Characterising the nature of household vulnerability to climate variability: Empirical evidence from two regions of Ghana[J]. Environment, development and sustainability, 2013, 15(4): 903－926.

[63] Balica S F, Wright N G, van der Meulen F. A flood vulnerability index for

coastal cities and its use in assessing climate change impacts[J]. Natural hazards, 2012, 64(1): 73 - 105.

[64] Barton A H. Communities in disaster: A sociological analysis of collective stress situations[M]. Garden City, New York: Doubleday, 1970.

[65] Bird D K, Chagué-Goff C, Gero A. Human response to extreme events: A review of three post-tsunami disaster case studies[J]. Australian geographer, 2011, 42(3): 225 - 239.

[66] Birkmann J. Measuring vulnerability to promote disaster-resilient societies: Conceptual frameworks and definitions[M]//Birkmann J. Measuring vulnerability to natural hazards: Towards disaster resilient societies. New York: United Nations University Press, 2006: 9 - 54.

[67] Bjarnadottir S, Li Y, Stewart M G. Social vulnerability index for coastal communities at risk to hurricane hazard and a changing climate[J]. Natural hazards, 2011, 59(2): 1 055 - 1 075.

[68] Blanchard-Boehm D. Risk communication in Southern California: Ethnic and gender response to 1995 revised, upgraded earthquake probabilities[R]. Boulder, CO: University of Colorado. Natural Hazards Research and Applications Information Center, 1997.

[69] Bolin R. Disasters and long-term recovery policy: A focus on housing and families[J]. Review of policy research, 1985, 4(4): 709 - 715.

[70] Boruff B J, Cutter S L. The environmental vulnerability of Caribbean Island nations[J]. Geographical review, 2007, 97(1): 24 - 45.

[71] Boruff B J, Emrich C, Cutter S L. Erosion hazard vulnerability of US coastal counties[J]. Journal of coastal research, 2005, 21(5): 932 - 942.

[72] Bose P S. Vulnerabilities and displacements: Adaptation and mitigation to climate change as a new development mantra[J]. Area, 2016, 48(2): 168 - 175.

[73] Bruneau M, Chang S E, Eguchi R T, et al. A framework to quantitatively assess and enhance the seismic resilience of communities[J]. Earthquake spectra, 2003,19(4): 733 - 752.

[74] Buckle P, Marsh G, Smale S. Assessing resilience and vulnerability: Principles, strategies and actions[M]// Gonsalves J and Mohan P. Strengthening resilience in post-disaster situations: Stories, experience, and lessons from South Asia. New Delhi: Academic Foundation, 2011: 245 - 253.

[75] Burton C G, Rufat S, Tate E. Social vulnerability: Conceptual foundations

and geospatial modeling[M]//Fuchs S, Thaler T. Vulnerability and resilience to natural hazards. Cambridge: Cambridge University Press, 2018: 53 - 81.

[76] Burton I, Kates R, White G. The environment as hazard[M]. 2nd ed. New York: Guilford Press, 1993.

[77] Busby J W, Cook K H, Vizy E K, et al. Identifying hot spots of security vulnerability associated with climate change in Africa[J]. Climatic change, 2014, 124(4): 717 - 731.

[78] Call C M. Viewing a world of disaster through the eyes of faith: The influence of religious worldviews on community adaptation in the context of disaster-related vulnerability in Indonesia[D]. Ames, Iowa: Iowa State University, 2012.

[79] Cannon T. Gender and climate hazards in Bangladesh[J]. Gender & development, 2002, 10(2): 45 - 50.

[80] Carter A O, Millson M E, Allen D E. Epidemiologic study of deaths and injuries due to tornadoes[J]. American journal of epidemiology, 1989, 130(6): 1 209 - 1 218.

[81] Chakraborty A, Joshi P K. Mapping disaster vulnerability in India using analytical hierarchy process[J]. Geomatics, natural hazards and risk, 2016, 7(1): 308 - 325.

[82] Chakraborty J, Tobin G A, Montz B E. Population evacuation: Assessing spatial variability in geophysical risk and social vulnerability to natural hazards[J]. Natural hazards review, 2005, 6(1): 23 - 33.

[83] Chatterjee M. Slum dwellers response to flooding events in the megacities of India[J]. Mitigation and adaptation strategies for global change, 2010, 15(4): 337 -353.

[84] Chau P H, Gusmano M K, Cheng J O Y, et al. Social vulnerability index for the older people: Hong Kong and New York City as examples[J]. Journal of urban health, 2014, 91(6): 1 048 - 1 064.

[85] Chen W, Cutter S L, Emrich C T, et al. Measuring social vulnerability to natural hazards in the Yangtze River Delta region, China[J]. International journal of disaster risk science, 2013, 4(4): 169 - 181.

[86] Chomsri J, Sherer P. Social vulnerability and suffering of flood-affected people: Case study of 2011 Mega flood in Thailand[J]. Kasetsart journal (Social science), 2013, 34: 491 - 499.

[87] Clark G E, Moser S C, Ratick S J, et al. Assessing the vulnerability of

coastal communities to extreme storms: The case of Revere, Massachusetts, US[J]. Mitigation and adaptation strategies for global change, 1998, 3: 59 - 82.

[88] Comerio M C, Landis J D, Rofe Y. Post-disaster residential rebuilding: A study for California governor's Office of emergency Services (OES)[R]. Berkeley, CA: University of California. Institute of Urban and Regional Development, 1994.

[89] Comfort L, Wisner B, Cutter S, et al. Reframing disaster policy: The global evolution of vulnerable communities[J]. Global environmental change Part B: environmental hazards, 1999, 1(1): 39 - 44.

[90] Cox K, Kim B R. Race and income disparities in disaster preparedness in old age[J]. Journal of gerontological social work, 2018, 61(7): 719 - 734.

[91] Cutter S L. Race, class and environmental justice[J]. Progress in human geography, 1995, 19(1): 111 - 122.

[92] Cutter S L. Vulnerability to environmental hazards[J]. Progress in human geography, 1996, 20(4): 529 - 539.

[93] Cutter S L, Boruff B J, Shirley W L. Social vulnerability to environmental hazards[J]. Social science quarterly, 2003, 84(2): 242 - 261.

[94] Cutter S L, Finch C. Temporal and spatial changes in social vulnerability to natural hazards[J]. Proceedings of the National Academy of Sciences (PNAS), 2008, 105(7): 2 301 - 2 306.

[95] Cutter S L, Mitchell J T, Scott M S. Revealing the vulnerability of people and places: A case study of Georgetown County, South Carolina[J]. Annals of the Association of American Geographers, 2000, 90(4): 713 - 737.

[96] Dash N, Peacock W G, Morrow B H. And the poor get poorer: A neglected Black community[M]// Peacock W G, Morrow B H, Gladwin H. Hurricane Andrew: Ethnicity, gender and the sociology of disasters. London: Routledge, 1997: 206 -225.

[97] Derakhshan S, Hodgson M E, Cutter S L. Vulnerability of populations exposed to seismic risk in the state of Oklahoma[J]. Applied geography, 2020, 124(4): 102 295.

[98] Ding M, Heiser M, Hübl J, et al. Regional vulnerability assessment for debris flows in China: A CWS approach[J]. Landslides, 2016, 13(3): 537 - 550.

[99] Downing T E, Watts M J, Bohle H G. Climate change and food insecurity: Toward a sociology and geography of vulnerability[C]//Downing T E. Climate change and world food security. Berlin: Springer, 1996: 183 - 206.

[100] Ebert A, Kerle N, Stein A. Urban social vulnerability assessment with

physical proxies and spatial metrics derived from air- and spaceborne imagery and GIS data[J]. Natural hazards, 2009, 48(2): 275 - 294.

[101] Elliott J R, Pais J. Race, class, and Hurricane Katrina: Social differences in human responses to disaster[J]. Social science research, 2006, 35(2): 295 - 321.

[102] Elwood S. Mixed methods: Thinking, doing, and asking in multiple ways [M]// DeLyser D, Herbert S, Aitken S, et al. The SAGE handbook of qualitative geography. London: SAGE Publications, 2010: 94 - 114.

[103] Faupel C, Kelley S, Petee T. The impact of disaster education on household preparedness for Hurricane Hugo [J]. International journal of mass emergencies and disasters, 1992, 10(1): 5 - 24.

[104] Fekete A. Validation of a social vulnerability index in context to river-floods in Germany [J]. Natural hazards and earth system sciences, 2009, 9(2): 393 -403.

[105] Fernández-Vigil M, Echeverría-Trueba B. Elderly at home: A case for the systematic collection and analysis of fire statistics in Spain[J]. Fire technology, 2019, 55(6): 2 215 - 2 244.

[106] Feroz R A. Climate change vulnerability assessment for sustainable urban development: A study on slum population of Kota, India[D]. Linköping: Linköping University, 2012.

[107] Few R, Tran P G. Climatic hazards, health risk and response in Vietnam: Case studies on social dimensions of vulnerability[J]. Global environmental change, 2010, 20(3): 529 - 538.

[108] Fisher S. Violence against women and natural disasters: Findings from post-tsunami Sri Lanka[J]. Violence against women, 2010, 16(8): 902 - 918.

[109] Flynn J, Slovic P, Mertz C K. Gender, race, and perception of environmental health risks[J]. Risk analysis, 1994, 14(6): 1 101 - 1 108.

[110] Fothergill A, Peek L A. Poverty and disasters in the United States: A review of recent sociological findings[J]. Natural hazards, 2004, 32(1): 89 - 110.

[111] Frigerio I, Ventura S, Strigaro D, et al. A GIS-based approach to identify the spatial variability of social vulnerability to seismic hazard in Italy[J]. Applied geography, 2016, 74: 12 - 22.

[112] Gallopín G C. Linkages between vulnerability, resilience, and adaptive capacity[J]. Global environmental change, 2006, 16(3): 293 - 303.

[113] Ge Y, Dou W, Gu Z H, et al. Assessment of social vulnerability to natural

hazards in the Yangtze River Delta, China[J]. Stochastic environmental research and risk assessment, 2013, 27(8): 1 899 - 1 908.

[114] Ge Y, Dou W, Liu N. Planning resilient and sustainable cities: Identifying and targeting social vulnerability to climate change[J]. Sustainability, 2017, 9(8): 1 394.

[115] Ge Y, Dou W, Wang X T, et al. Identifying urban-rural differences in social vulnerability to natural hazards: A case study of China[J]. Natural hazards, 2021, 108(3): 2 629 - 2 651.

[116] Ginige K, Amaratunga D, Haigh R. Tackling women's vulnerabilities through integrating a gender perspective into disaster risk reduction in the built environment[J]. Procedia economics and finance, 2014, 18: 327 - 335.

[117] Gladwin H, Peacock W G. Warning and evacuation: A night for hard houses[M]//Peacock W G, Morrow B H, Gladwin H. Hurricane Andrew: Ethnicity, gender and the sociology of disasters. London: Routledge, 1997: 52 - 74.

[118] Hadipour V, Vafaie F, Kerle N. An indicator-based approach to assess social vulnerability of coastal areas to sea-level rise and flooding: A case study of Bandar Abbas city, Iran[J]. Ocean & coastal management, 2020, 188: 105 077.

[119] Hahn M B, Riederer A M, Foster S O. The livelihood vulnerability index: A pragmatic approach to assessing risks from climate variability and change: A case study in Mozambique[J]. Global environmental change, 2009, 19(1): 74 - 88.

[120] Haki Z G. Assessment of social vulnerability using geographic information systems: Pendik, Istanbul case study [D]. Ankara: Middle East Technical University, 2003.

[121] Hamidazada M, Cruz A M, Yokomatsu M. Vulnerability factors of Afghan rural women to disasters[J]. International journal of disaster risk science, 2019, 10(4): 573 - 590.

[122] Handmer J, O'Neil S, Killalea D. Review of fatalities in the February 7, 2009, bushfires[R]. Melbourne: RMIT University. Centre for Risk and Community Safety, 2010.

[123] Hansen A, Bi P, Nitschke M, et al. The effect of heat waves on mental health in a temperate Australian city[J]. Environmental health perspectives, 2008, 116(10): 1 369 - 1 375.

[124] Ha-Mim N M, Hossain M Z, Rahaman K R, et al. Exploring vulnerability-resilience-livelihood nexus in the face of climate change: A multi-criteria

analysis for Mongla, Bangladesh[J]. Sustainability, 2020, 12(17): 7 054.

[125] Hewitt K. Regions of risk: A geographical introduction to disasters[M]. London: Routledge, 1997.

[126] Holand I S, Lujala P, Rød J K. Social vulnerability assessment for Norway: A quantitative approach[J]. Norwegian journal of geography, 2011, 65(1): 1-17.

[127] Holling C S. Resilience and stability of ecological systems[J]. Annual review of ecology and systematics, 1973, 4: 1-23.

[128] Holling C S, Gunderson L H & Ludwig D. In quest of a theory of adaptive change [M]//Gunderson L H and Holling C S. Panarchy: Understanding transformations in human and natural systems. Washington D C: Island Press, 2002: 3-22.

[129] Horton L. After the earthquake: Gender inequality and transformation in post-disaster Haiti[J]. Gender and development, 2012, 20(2): 295-308.

[130] Hou J D, Lv J, Chen X, et al. China's regional social vulnerability to geological disasters: Evaluation and spatial characteristics analysis [J]. Natural hazards, 2016, 84(Suppl 1): 97-111.

[131] Huang X D, Jin H, Bai H. Vulnerability assessment of China's coastal cities based on DEA cross-efficiency model[J]. International journal of disaster risk reduction, 2019, 36: 101 091.

[132] Kasperson J X, Kasperson R E, Turner Ⅱ B L. Regions at risk: Comparisons of threatened environments[M]. New York: United Nations University Press, 1995.

[133] Kates R W. The interaction of climate and society[M]//Kates R W, Ausubel J H, Berberain M. Climate impact assessment: Studies of the interaction of climate and society. New York: Wiley, 1985: 3-36.

[134] Khandlhela M, May J. Poverty, vulnerability and the impact of flooding in the Limpopo Province, South Africa[J]. Natural hazards, 2006, 39(2): 275-287.

[135] Kim H J, Zakour M. Disaster preparedness among older adults: Social support, community participation, and demographic characteristics[J]. Journal of social service research, 2017, 43(4): 498-509.

[136] Kleinosky L R, Yarnal B, Fisher A. Vulnerability of Hampton Roads, Virginia to storm-surge flooding and sea-level rise[J]. Natural hazards, 2007, 40(1): 43-70.

[137] Klinenberg E. Heat wave: A social autopsy of disaster in Chicago[M]. Chicago: University of Chicago Press, 2002.

[138] Kofman Y B, Garfin D R. Home is not always a haven: The domestic violence crisis amid the COVID-19 pandemic[J]. Psychological trauma: Theory, research, practice and policy, 2020, 12(S1): S199 - S201.

[139] Krunoslav K, Peleah M, Pavic Z, et al. Social vulnerability assessment tools for climate change and DRR programming[R]. New York: United Nations Development Programme, 2017.

[140] Lewis J. Risk, vulnerability and survival: Some post-chernobyl implications for people, planning and civil defence[J]. Local government studies, 1987, 13(4): 75 - 93.

[141] Lin K H E, Polsky C. Indexing livelihood vulnerability to the effects of typhoons in indigenous communities in Taiwan[J]. The geographical journal, 2016, 182(2): 135 - 152.

[142] Liverman D M. The vulnerability of urban areas to technological risks: An overview of US and European experience[J]. Cities, 1986, 3(2): 142 - 147.

[143] Liverman D M. Vulnerability to global environmental change[M]// Kasperson J X, Kasperson R E. Global environmental risk. London: Routledge, 2001: 199.

[144] Massmann F, Wehrhahn R. Qualitative social vulnerability assessments to natural hazards: Examples from coastal Thailand[J]. Revista de gestão costeira integrada, 2014, 14(1): 3 - 13.

[145] Metzger M J, Leemans R, Schröter D. A multidisciplinary multi-scale framework for assessing vulnerabilities to global change[J]. International journal of applied earth observation and geoinformation, 2005, 7(4): 253 - 267.

[146] Michelozzi P, Accetta G, De Sario M, et al. High temperature and hospitalizations for cardiovascular and respiratory causes in 12 European cities[J]. American journal of respiratory and critical care medicine, 2009, 179(5): 383 - 389.

[147] Morrow B H, Enarson E. Hurricane Andrew through women's eyes: Issues and recommendations[J]. International journal of mass emergencies and disasters, 1996, 14(1): 5 - 22.

[148] Morzaria-Luna H N, Turk-Boyer P, Moreno-Baez M. Social indicators of vulnerability for fishing communities in the Northern Gulf of California, Mexico: Implications for climate change[J]. Marine policy, 2014, 45: 182 - 193.

[149] Mustafa D, Ahmed S, Saroch E, et al. Pinning down vulnerability：From narratives to numbers[J]. Disasters, 2011, 35(1)：62－86.

[150] Neumayer E, Plümper T. The gendered nature of natural disasters：The impact of catastrophic events on the gender gap in life expectancy, 1981－2002[J]. Annals of the Association of American Geographers, 2007, 97(3)：551－566.

[151] Olajide O, Lawanson T. Climate change and livelihood vulnerabilities of low-income coastal communities in Lagos, Nigeria[J]. International journal of urban sustainable development, 2014, 6(1)：42－51.

[152] Orencio P M, Fujii M. An index to determine vulnerability of communities in a coastal zone：A case study of Baler, Aurora, Philippines [J]. Ambio, 2013, 42(1)：61－71.

[153] O'Brien K, Leichenko R, Kelkarc U, et al. Mapping vulnerability to multiple stressors：Climate change and globalization in India [J]. Global environmental change, 2004, 14(4)：303－313.

[154] O'Hare G. Hurricane 07B in the Godivari Delta, Andhra Pradesh, India：Vulnerability, mitigation and the spatial impact[J]. The geographical journal, 2001, 167(1)：23－38.

[155] Palm R, Carroll J. Illusions of safety：Culture and earthquake hazard response in California and Japan[M]. New York：Routledge, 1998.

[156] Parkinson D. Investigating the increase in domestic violence post disaster：An Australian case study[J]. Journal of interpersonal violence, 2019, 34(11)：2 333－2 362.

[157] Perry R W, Lindell M K, Greene M R. Crisis communications：Ethnic differentials in interpreting and acting on disaster warnings[J]. Social behavior and personality：An international journal, 1982, 10(1)：97－104.

[158] Pongponrat K, Ishii K. Social vulnerability of marginalized people in times of disaster：Case of Thai women in Japan Tsunami 2011[J]. International journal of disaster risk reduction, 2018, 27：133－141.

[159] Rapicetta S, Zanon V. GIS-based method for the environmental vulnerability assessment to volcanic ashfall at Etna Volcano[J]. Geoinformatica, 2009, 13(3)：267－276.

[160] Rossi P H, Wright J D, Weber-Burdin E, et al. Victims of the environment：Loss from natural hazards in the United States, 1970－1980[M]. Boston, MA：Springer, 1983.

[161] Rufat S, Tate E, Burton C G, et al. Social vulnerability to floods: Review of case studies and implications for measurement[J]. International journal of disaster risk reduction, 2015, 14: 470 - 486.

[162] Rygel L, O'Sullivan D, Yarnal B. A method for constructing a social vulnerability index: An application to hurricane storm surges in a developed country[J]. Mitigation and adaptation strategies for global change, 2006, 11(3): 741 - 764.

[163] Schifano P, Cappai G, De Sario M, et al. Susceptibility to heat wave-related mortality: A follow-up study of a cohort of elderly in Rome[J]. Environmental health, 2009, 8(1): 50.

[164] Schmidtlein M C, Shafer J M, Berry M, et al. Modeled earthquake losses and social vulnerability in Charleston, South Carolina[J]. Applied geography, 2011, 31(1): 269 - 281.

[165] Schumacher J A, Coffey S F, Norris F H, et al. Intimate partner violence and Hurricane Katrina: Predictors and associated mental health outcomes [J]. Violence and victims, 2010, 25(5): 588 - 603.

[166] Shah K U, Dulal H B, Johnson C, et al. Understanding livelihood vulnerability to climate change: Applying the livelihood vulnerability index in Trinidad and Tobago[J]. Geoforum, 2013, 47: 125 - 137.

[167] Siagian T H, Purhadi P, Suhartono S, et al. Social vulnerability to natural hazards in Indonesia: Driving factors and policy implications[J]. Natural hazards, 2014, 70(2): 1 603 - 1 617.

[168] Stough L M, Sharp A N, Resch J A, et al. Barriers to the long-term recovery of individuals with disabilities following a disaster[J]. Disasters, 2016, 40(3): 387 - 410.

[169] Su S L, Pi J H, Wan C, et al. Categorizing social vulnerability patterns in Chinese coastal cities[J]. Ocean & coastal management, 2015, 116: 1 - 8.

[170] Sung C H, Liaw S C. A GIS-based approach for assessing social vulnerability to flood and debris flow hazards[J]. International journal of disaster risk reduction, 2020, 46(2): 101 531.

[171] Thomas K, Hardy R D, Lazrus H, et al. Explaining differential vulnerability to climate change: A social science review[J]. Wiley interdisciplinary reviews: Climate change, 2019, 10(2): e565.

[172] Timmerman P. Vulnerability, resilience and the collapse of society: A review of models and possible climatic applications[M]. Toronto, Canada: University

of Toronto. Institute for Environmental Studies, 1981.

[173] Turner B L, Kasperson R E, Matsone P A, et al. A framework for vulnerability analysis in sustainability science [J]. Proceedings of the National Academy of Sciences (PNAS), 2003, 100(14): 8 074 - 8 079.

[174] Turner R H, Nigg J M, Paz D H. Waiting for disaster: Earthquake watch in California[M]. Berkeley: University of California Press, 1986.

[175] Turner R H, Nigg J M, Young B S, et al. Community response to earthquake threat in Southern California[R]. Performing Organization: University of California (Los Angeles), Sponsoring Organization: National Science Foundation, 1980.

[176] van Steen Y, Ntarladima A M, Grobbee R, et al. Sex differences in mortality after heat waves: Are elderly women at higher risk? [J]. International archives of occupational and environmental health, 2019, 92(1): 37 - 48.

[177] Vaughan E. The significance of socioeconomic and ethnic diversity for the risk communication process[J]. Risk analysis, 1995, 15(2): 169 - 180.

[178] Vincent K. Creating an index of social vulnerability to climate change for Africa[R]. Norwich: University of East Anglia. Tyndall Centre for Climate Change Research and School of Environmental Sciences, 2004.

[179] Walker M, Whittle R, Medd W, et al. "It came up to here": Learning from children's flood narratives[J]. Children's geographies, 2012, 10(2): 135 - 150.

[180] Walters V, Gaillard J C. Disaster risk at the margins: Homelessness, vulnerability and hazards[J]. Habitat international, 2014, 44: 211 - 219.

[181] Wang F H, Tang Q, Wang L. Post-Katrina population loss and uneven recovery in New Orleans, 2000 - 2010[J]. Geographical review, 2014, 104(3): 310 -327.

[182] Watts M J, Bohle H G. The space of vulnerability: The causal structure of hunger and famine[J]. Progress in human geography, 1993, 17(1): 43 - 67.

[183] Wei Y M, Fan Y, Lu C, et al. The assessment of vulnerability to natural disasters in China by using the DEA method[J]. Environmental impact assessment review, 2004, 24(4): 427 - 439.

[184] Werner E E. The children of Kauai: Resiliency and recovery in adolescence and adulthood[J]. Journal of adolescent health, 1992, 13(4): 262 - 268.

[185] Williams B D, Webb G R. Social vulnerability and disaster: Understanding the perspectives of practitioners[J]. Disasters, 2021, 45(2): 278 - 295.

[186] Wilson J, Phillips B, Neal D. Domestic violence after disaster[M]// Enarson E, Morrow B. The gendered terrain of disaster: Through women's eyes. Westport, CT: Praeger, 1998: 225-231.

[187] Wisner B, Blaikie P, Cannon T, et al. At risk: Natural hazards, people's vulnerability and disasters[M]. 2nd ed. London: Routledge, 2004.

[188] Wong S D, Broader J C, Shaheen S A. Can sharing economy platforms increase social equity for vulnerable populations in disaster response and relief?: A case study of the 2017 and 2018 California wildfires[J]. Transportation research interdisciplinary perspectives, 2020, 5: 100 131.

[189] Wood N J, Burton C G, Cutter S L. Community variations in social vulnerability to Cascadia-related tsunamis in the US Pacific Northwest[J]. Natural hazards, 2010, 52(2): 369-389.

[190] Wu S Y, Yarnal B, Fisher A. Vulnerability of coastal communities to sea-level rise: A case study of Cape May County, New Jersey, USA[J]. Climate research, 2002, 22(3): 255-270.

[191] Yi L X, Zhang X, Ge L L, et al. Analysis of social vulnerability to hazards in China[J]. Environmental earth sciences, 2014, 71(7): 3 109-3 117.

[192] Yohe G, Tol R S J. Indicators for social and economic coping capacity: Moving toward a working definition of adaptive capacity[J]. Global environmental change, 2002, 12(1): 25-40.

[193] Yoo G, Hwang J H, Choi C. Development and application of a methodology for vulnerability assessment of climate change in coastal cities[J]. Ocean & coastal management, 2011, 54(7): 524-534.

[194] Zahran S, Brody S D, Peacock W G, et al. Social vulnerability and the natural and built environment: A model of flood casualties in Texas[J]. Disasters, 2008, 32(4): 537-560.

[195] Zarghami S A, Dumrak J. A system dynamics model for social vulnerability to natural disasters: Disaster risk assessment of an Australian city[J]. International journal of disaster risk reduction, 2021, 60(1): 102 258.

[196] Zhang N, Huang H. Social vulnerability for public safety: A case study of Beijing, China[J]. Chinese science bulletin, 2013, 58(19): 2 387-2 394.

[197] Zhou Y, Li N, Wu W X, et al. Assessment of provincial social vulnerability to natural disasters in China[J]. Natural hazards, 2014, 71(3): 2 165-2 186.

[198] Zhou Y, Li N, Wu W X, et al. Local spatial and temporal factors influencing population and societal vulnerability to natural disasters[J]. Risk analysis, 2014, 34(4): 614-639.

[199] Zottarelli L K. Post-Hurricane Katrina employment recovery: The interaction of race and place[J]. Social science quarterly, 2008, 89(3): 592-607.

[200] Åström D O, Forsberg B, Rocklöv J. Heat wave impact on morbidity and mortality in the elderly population: A review of recent studies[J]. Maturitas, 2011, 69(2): 99-105.